高等院校"十三五"应用型艺术设计教育系列规划教材

3ds Max 角色建模

主　编　白俊伟　张杨巍　池　城
副主编　沈德松　吕　杰　张宗登

合肥工业大学出版社

图书在版编目(CIP)数据

3ds Max 角色建模/白俊伟等主编 . —合肥:合肥工业大学出版社,2019.8
ISBN 978 - 7 - 5650 - 4606 - 3

Ⅰ.①3… Ⅱ.①白… Ⅲ.①三维动画软件 Ⅳ.①TP391.414

中国版本图书馆 CIP 数据核字(2019)第 191760 号

3ds Max 角色建模

白俊伟 张杨巍 池 城 主编　　　　　　　责任编辑 王 磊

出　　版	合肥工业大学出版社		版　次	2019 年 8 月第 1 版	
地　　址	合肥市屯溪路 193 号		印　次	2019 年 9 月第 1 次印刷	
邮　　编	230009		开　本	889 毫米×1194 毫米 1/16	
电　　话	艺术编辑部:0551 - 62903120		印　张	11.25	
	市场营销部:0551 - 62903198		字　数	348 千字	
网　　址	www.hfutpress.com.cn		印　刷	安徽联众印刷有限公司	
E-mail	hfutpress@163.com		发　行	全国新华书店	

ISBN 978 - 7 - 5650 - 4606 - 3　　　　　　　　　　定价: 59.80 元

如果有影响阅读的印装质量问题,请与出版社市场营销部联系调换。

前言

随着时代进步，计算机图形图像技术取得了长足发展。CG 制作也被越来越多的艺术家所接受并运用，三维图形图像处理技术更成为一种主流，广泛应用于影视动画及游戏制作行业。读者通过本书的学习可建立良好的三维空间意识，为下一步学习三维技术打下良好而坚实的基础。

本书本书内容主要包括 3ds Max 基础操作以及 3ds Max 多边形建模技术，通过详细讲解，意在让读者能够使用 3ds Max 进行建模制作。本书共分为 5 个章节。第 1 章节为基础知识，重点讲解了 3ds Max 的基础操作方法，包括：3ds Max 快速入门，主要讲解了 3ds Max 的操作工具栏以及相关快捷键；对象的布尔运算；系统材质，主要讲解了系统自带的几种常用材质；贴图基础介绍；灯光知识，主要讲解了 4 种常用的灯光调节方式以及灯光布设方法；摄像机知识；渲染基础知识，主要对默认线扫描渲染器、iray 渲染器、mental ray 渲染器、VR 渲染器进行了讲解。第 2 章至第 5 章为实战建模章节，可以帮助读者由浅入深地充分掌握多边形建模的精髓。

编　者

2019.9

1

第 1 章　基本操作

1.1　快速入门

1.1.1　3ds Max 界面分布

图 1-1 所示为 3ds Max 软件的初始布局界面。

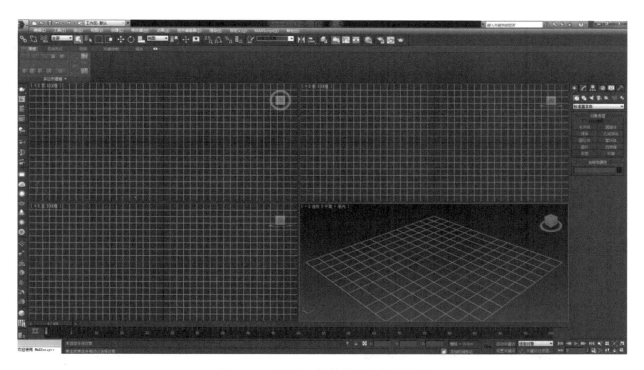

图 1-1　3ds Max 软件的初始布局界面

1.1.1.1 标题栏

3ds Max 标题栏上显示的是最常用的功能（图1-2）。标题栏左半部分是方便管理文件和查找文件信息的，如所图1-3示。按钮显示"文件处理命令"的"应用程序菜单"和最近使用的"文档阅览栏"，如图1-4所示。还可以根据需要自定义标题栏，如图1-5所示。

图1-2　标题栏（1）　　　　　　　　　　　　图1-3　标题栏（2）

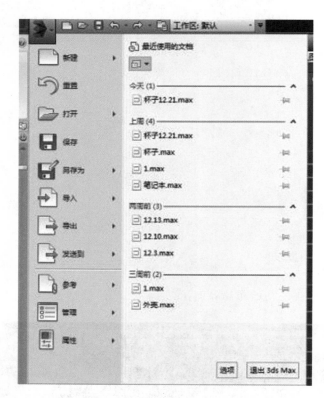

图1-4　"应用程序菜单"和最近使用的"文档阅览栏"

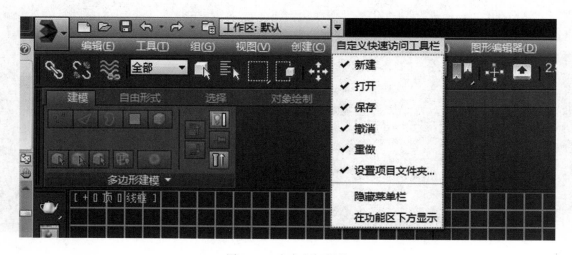

图1-5　自定义标题栏

1.1.1.2　菜单栏

3ds Max菜单栏包括编辑、工具、组、视图、创建、修改器、动画、图形编辑器、渲染、自定义、脚本、帮助等命令菜单，如图1-6所示。

图1-6　菜单栏

1.1.1.3　主工具栏

为了方便用户的操作和实用性，3ds Max软件中常见任务的工具和对话框可通过主工具栏快速访问。其中包括撤销、重做、选择并链接、取消链接选择、绑定到空间扭曲、缩放功能、角度捕捉功能等一共32个功能键按钮，如图1-7所示。

图1-7　主工具栏

1.1.1.4　视图导航器

"视图导航器"可以快速、直观地切换工作视图，也可以直接控制工作视图的旋转操作，如图1-8所示。还可以点击鼠标右键，在弹出的菜单中选择"配置"后根据需要来更改导航器的设置，如图1-9所示。

图1-8　视图导航器

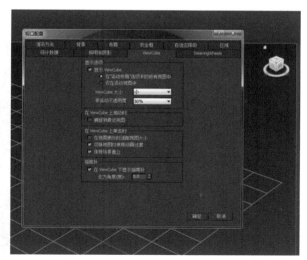

图1-9　设置视图导航器

1.1.1.5 命令面板

命令面板由 6 个用户界面组成，其中包括创建面板、修改面板、层次面板、运动面板、显示面板、工具面板。3ds Max 建模的绝大部分的功能都可以在这个面板中完成，如图 1-10 所示。

（1）创建面板

创建面板 用于创建最基础的对象，一般是构建模型的第一步操作。创建面板的创建对象分为 14 个类别，包括标准基本体、扩展基本体、复合对象、粒子系统、面片栅格、实体对象、门、NURBS 曲面、窗、mental ray、AEC 扩展、动力学对象、楼梯、VRay，如图 1-11 所示。每一个类别都有不同的对象子类别，每一类对象都有自己的按钮，点击即可开始创建，如图 1-12 所示。

图 1-10　命令面板　　　　图 1-11　创建面板　　　　图 1-12　各种对象子类别

（2）修改面板

修改面板 用于修改物体的基本参数，可以修改的内容取决于物体的特征，是几何体还是灯光等，每一种类别都有自己特定的修改范围。如图 1-13 所示为长方形的修改参数，图 1-14 所示为球体的修改参数，图 1-15 所示为目标灯光的修改参数。

图 1-13　长方形的修改参数　　　图 1-14　球体的修改参数　　　图 1-15　目标灯光的修改参数

（3）层次面板

层次面板分为轴、IK、链接信息。可以用轴工具调整物体的轴位置，如图1-16所示。通过 IK 工具可以创建父子关系，如图1-17所示。可以用链接信息工具将多个对象同时链接到父对象和子对象，创建复杂的层次，如图1-18所示。

图1-16 轴工具

图1-17 IK 工具

图1-18 链接信息工具

（4）运动面板

运动面板◎可以调整选定对象的运动，还提供了轨迹视图的替代选项，也可用来指定动画控制器，如图1-19所示。

（5）显示面板

显示面板◻可以在场景中控制对象的显示方式，此面板可以使物体隐藏和取消隐藏、冻结和解冻对象、改变其显示特性、加速视图显示以及简化建模步骤，如图1-20所示。

（6）工具面板

工具面板↗可以访问各种工具程序，也可以通过选择帮助，查找描述这些附加插件的文档，如图1-21所示。

图1-19 运动面板

图1-20 显示面板

图1-21 工具面板

1.1.1.6　视图

从 3ds Max 的初始布局中可以看到视图被分为四个窗口，如图 1-22 所示。可以根据需要来更改视图，点击右上角的视图导航器或者用快捷键 "T"（顶视图）、"F"（前视图）、"L"（左视图）、"R"（右视图）来切换。点击右下角即可最大化视口切换，如图 1-23 所示。在视图的左上角为显示标签，鼠标右键点击标签来显示视图菜单，以便控制视图的多个方面，如图 1-24 所示。

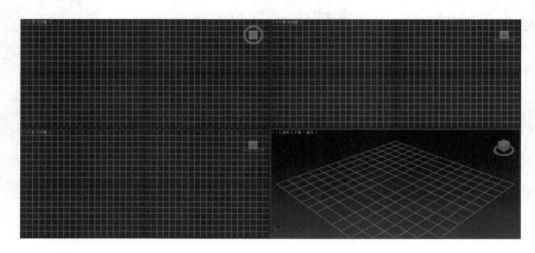

图 1-22　四个视图窗口

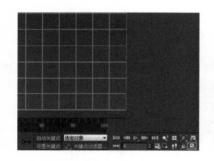

图 1-23　最大化视口切换

图 1-24　显示标签

1.1.1.7　提示状态栏

提示状态栏提供了有关场景和活动命令的提示及状态信息。右侧是坐标显示区域，可以根据需要输入变化值更改物体坐标，如图 1-25 所示。

图 1-25　提示状态栏

1.1.1.8　时间和动画控制

用于在视图中进行动画播放的时间控制，在制作动画的过程中必须设置时间配置，如图 1-26 所示。在时间控制区域单击鼠标右键，在弹出的"时间配置"对话框中可以更改动画的长度，还可以用于设置活动时间段和动画的开始帧与结束帧，如图 1-27 所示。

图 1-26　时间控制

1.1.1.9　视图控制

用于控制视图显示和导航，还可以对摄影机和灯光视图进行更改，如图 1-28 所示。

图 1-27　时间配置　　　　　　　图 1-28　视图控制

1.1.1.10　四单元菜单

在活动视图中单击鼠标右键，即会弹出四单元菜单，如图 1-29 所示。四单元菜单会显示四个带有不同类别的区域，可以查找和激活大多数命令，方便操作，使工作效率提高。按住"Shift"键即会弹出创建菜单，如图 1-30 所示。按下"Ctrl""Alt"键的同时单击鼠标右键，即会弹出专门的窗口，如图 1-31 所示。可以根据需要在自定义用户界面对话框的四单元菜单面板中进行更改和编辑。

 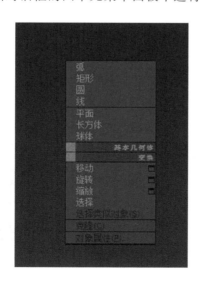 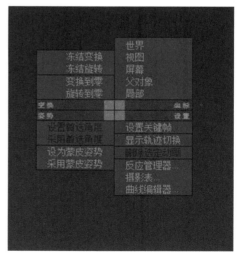

图 1-29　四单元菜单　　　　图 1-30　创建菜单　　　　图 1-31　更改和编辑

1.1.1.11　浮动工具栏

浮动工具栏可使主工具栏的命令按钮处于浮动状态，它包括约束工具栏、MassFX 工具栏、附加工具栏、渲染快捷工具栏和捕捉工具栏等，如图 1-32 所示。

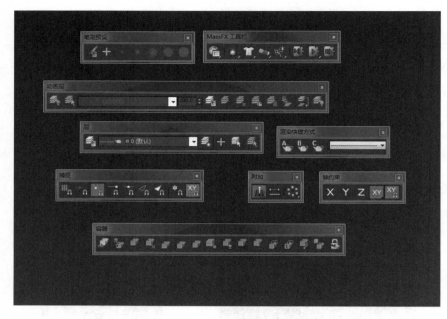

图 1 - 32　浮动工具栏

1.1.2　主工具栏

主工具栏如图 1 - 33 所示。

图 1 - 33　主工具栏

1.1.2.1　选择并链接

"选择并链接" 可以将两个对象链接作为"子"和"父"，定义它们之间的层次关系。可以从当前选定对象（子）链接到其他任何对象（父），还可以将对象链接到关闭的组。

1.1.2.2　取消链接选择

"取消链接选择" 可以将两个对象的层次关系解除，可以将子对象和父对象的关系分离出来。

1.1.2.3　绑定到空间扭曲

"绑定到空间扭曲" 可以将当前选择附加到空间扭曲。空间扭曲是可以为场景中其他对象提供各种力场效果的对象。

1.1.2.4　选择过滤器

"选择过滤器" 的列表中可以限制选择工具和选择对象的类型与组合。如果选择一个对象，在操作时只能选择这一类对象，其他的对象则不会受到影响，如图 1 - 34 所示。

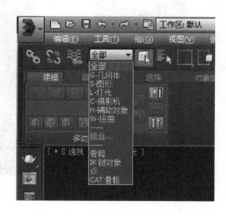

图 1 - 34　"选择过滤器"的列表

1.1.2.5　选择对象

"选择对象" 用于选择一个或多个操控对象。

1.1.2.6 从场景选择

"从场景选择"  可以利用选择对象对话框从当前的场景中所有的对象列表中选择对象，还可以通过激活与关闭相应的对象类型，对列表中所显示的对象类型进行显示与隐藏的控制，如图1-35所示。

1.1.2.7 选择区域

"选择区域" ▢ 可以按区域选择对象，其中包括矩形、圆形、围栏、套索和绘制五种方式。按住快捷键 "Ctrl" 可以加选区域，按住 "Alt" 则可以移除选区，如图1-36所示。

图1-35 "从场景选择"

图1-36 "选择区域"

1.1.2.8 窗口/交叉选择

"窗口/交叉选择" ▣ 可以在窗口和交叉模式之间进行切换。在 "窗口模式" 中只能选择 "选择区域" 内的对象，而在 "交叉模式" 中可以选择选区外的使用对象。

1.1.2.9 选择并移动

"选择并移动" ✛ 可以选择并移动对象，可使用快捷键 "W" 切换，如图1-37所示。

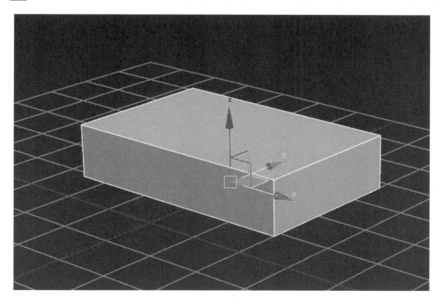

图1-37 "选择并移动"

1.1.2.10 选择并旋转

"选择并旋转" ⟳可以选择并旋转选中的对象，可使用快捷键"E"切换。

1.1.2.11 选择并缩放

① "选择并缩放" ▣：用于更改对象大小，有三个模式，可使用快捷键"R"切换，如图 1-38 所示。

② "选择并均匀缩放"：保持对象的原有比例均匀地缩放。

③ "选择并非均匀地缩放"：可以根据轴来非均匀地缩放大小。

④ "选择并挤压"：挤压对象时，选择一个轴按比例均匀缩小的同时另外两个轴按比例均匀地放大。

1.1.2.12 参考坐标系

"参考坐标系" 视图 ▾ 可以指定变换所用的坐标系，其中包括"视图""屏幕""世界""父对象""局部""万向""栅格""工作"。由于坐标系的设置基于逐个变换，所以先选择变换再指定坐标系，如图 1-39 所示。

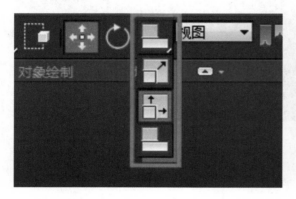

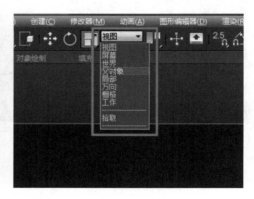

图 1-38 "选择并缩放"　　　　　　图 1-39 "参考坐标系"

1.1.2.13 使用中心

"使用中心" ▣用于确定缩放和旋转操作几何中心的三种方法的设置，包括"使用轴点中心""使用选择中心""使用变换坐标中心"。

1.1.2.14 选择并操纵

"选择并操纵" ▣，可以通过在视图中拖动"操纵器"来编辑某些对象、修改器和控制器的参数。

1.1.2.15 快捷键覆盖

"快捷键覆盖" ▣，可以在只使用"主用户界面"快捷键与同时使用主快捷键和组快捷键之间进行切换。

1.1.2.16 对象捕捉

"对象捕捉" ▣提供捕捉 3D 空间的控制范畴，分为三种类别：2D 捕捉、2.5D 捕捉、3D 捕捉，如图 1-40 所示。

1.1.2.17 角度捕捉

"角度捕捉" ▣用于对象的多数功能的增量旋转，单击鼠标右键即可弹出"栅格和捕捉设置"窗口，即可对增量角度进行设置，如图 1-41 所示。

1.1.2.18 百分比捕捉

"百分比捕捉" ▣用于对指定对象进行百分比增减的缩放，单击鼠标右键即可弹出"栅格和捕捉设置"窗口，即可对增量百分比进行设置，如图 1-41 所示。

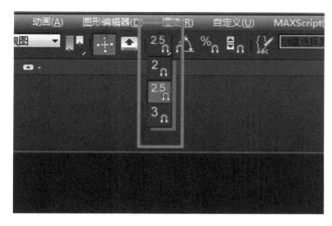

图 1-40　"对象捕捉"

图 1-41　"栅格和捕捉设置"窗口

1.1.2.19　微调器捕捉

"微调器捕捉" ^{图标}用于设置 3ds Max 中所有微调器的单击增加值或减少值，也就是数值的设置。单击鼠标右键 "微调器捕捉" 弹出 "首选项设置" 窗口，可以对相关的参数进行设置，如图 1-42 所示。

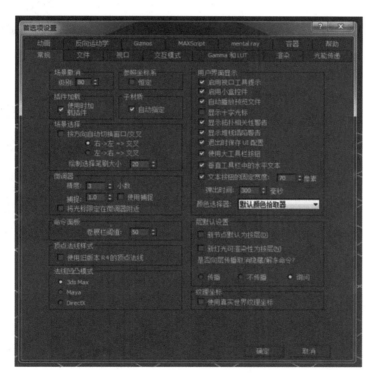

图 1-42　"首选项设置"窗口

1.1.2.20　编辑命令选择

"编辑命令选择" ^{图标}用于管理子对象的命令选择集，与 "命令选择集" 对话框不同，仅适用于对象，是一种模式对话框。

1.1.2.21　命令选择集

"命令选择集" ^{图标}用于命令选择集，以便重新调用选择在此进行使用。

1.1.2.22 镜像

"镜像" 🔳，用于镜像一个或者多个对象的方向，点击"镜像"即会弹出设置参数的窗口，修改参数即可根据不同的轴系镜像，在镜像的同时也可以移动这些对象，并对物体进行克隆，如图1-43所示。

1.1.2.23 对齐

"对齐" 🔳用于两个物体根据需要对齐，有6种不同的对齐方法，分别为：对齐、快速对齐、法线对齐、放置高光、对齐摄影机、对齐到视图，快捷键为"Alt"＋"A"，如图1-44所示。

图1-43　"镜像"对话框　　　　　图1-44　"对齐"对话框

1.1.2.24 层管理器

"层管理器" 🔳用于创建、删除和管理场景的层级关系，可以查看和编辑场景中所有层的设置，以及相关联的对象，在层对象列表中可以隐藏、冻结层所有对象。可以通过点击🔳和🔳展开或者折叠层的对象列表，如图1-45所示。

1.1.2.25 石墨建模工具

"石墨建模工具" 🔳用于切换顶部视图的显示，如图1-46所示。

图1-45　"层管理器"对话框

图1-46　"石墨建模工具"栏

1.1.2.26 曲线编辑器

"曲线编辑器" 🔳用视图上的功能曲线来表示运动，可以轻松地观看与控制场景中对象的运动和动画，如图1-47所示。

1.1.2.27 图解视图

"图解视图" 🔳，在图解视图窗口中可以访问对象的属性、材质、控制器、修改器、层次和不可见的场景关系，也可以查看、创建并编辑对象的关系，还可以创建层次以及指定控制器、材质、修改器或约束，如图 1-48 所示。

1.1.2.28　材质编辑器

"材质编辑器" ，点击即可弹出"材质编辑器"窗口用于创建和编辑材质以及贴图。材质的应用可以使场景创建有更加真实的效果，可以将材质应用到单个的对象或者选择集，同时一个场景可以包含许多不同的材质。使用快捷键"M"即可切换。"材质编辑器"有两种不同的模式：图 1-49 所示的精简材质编辑器和图 1-50 所示的 Slate 材质编辑器。

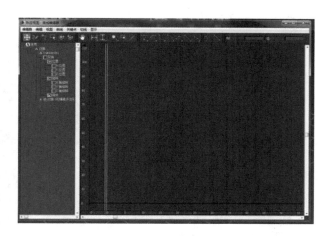

图 1-47　"曲线编辑器"对话框

图 1-48　"图解视图"对话框

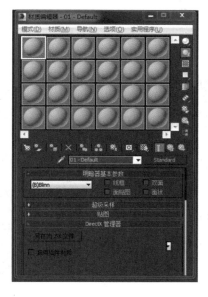

图 1-49　"精简材质编辑器"对话框

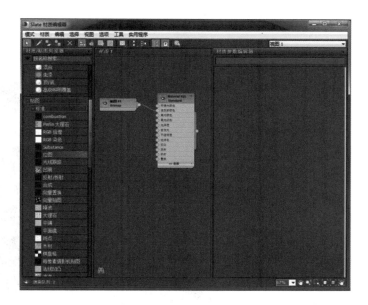

图 1-50　"Slate 材质编辑器"对话框

1.1.2.29　渲染场景

"渲染场景" ，点击即可弹出"渲染场景"窗口，在窗口中具有多个面板应对不同的渲染情况，根据需要选择设置，如图 1-51 所示。

1.1.2.30　渲染帧窗口

"渲染帧窗口" 用于阅览上次渲染完成的图像，提升工作效率，如图 1-52 所示。

1.1.2.31　快速渲染

"快速渲染"  可以使用当前渲染设置来渲染场景，而无须显示渲染场景的对话框，如图 1-53 所示。

1.1.3　快捷键

快捷键的使用大大提高了工作效率，使操作更加方便。下面介绍 3ds Max 系统的初始快捷键，可以根据操作习惯在"自定义"—"自定义用户界面"中设置快捷键方式，如图 1-54 所示。

图 1-51　"渲染场景"对话框

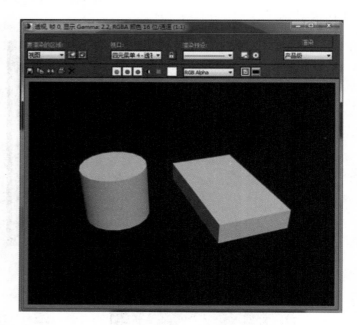

图 1-52　"渲染帧窗口"对话框

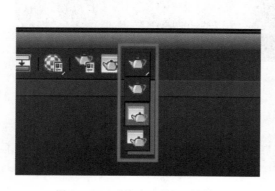

图 1-53　"快速渲染"对话框

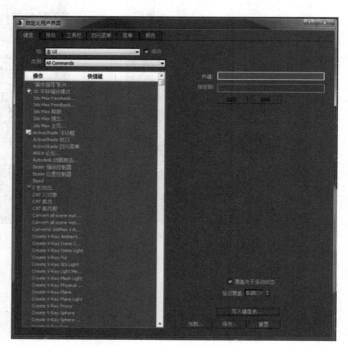

图 1-54　"自定义用户界面"对话框

1.1.3.1　主界面

（1）显示降级适配（开关）【O】

（2）适应透视图格点【Shift】＋【Ctrl】＋【A】

（3）排列【Alt】＋【A】

（4）角度捕捉（开关）【A】

（5）动画模式（开关）【N】

（6）改变到后视图【K】

（7）背景锁定（开关）【Alt】＋【Ctrl】＋【B】

（8）前一时间单位【.】

（9）下一时间单位【,】

（10）改变到上（Top）视图【T】

（11）改变到底（Bottom）视图【B】

（12）改变到相机（Camera）视图【C】

（13）改变到前（Front）视图【F】

（14）改变到等大的用户（User）视图【U】

（15）改变到右（Right）视图【R】

（16）改变到透视（Perspective）图【P】

（17）循环改变选择方式【Ctrl】＋【F】

（18）默认灯光（开关）【Ctrl】＋【L】

（19）删除物体【Del】

（20）当前视图暂时失效【D】

（21）是否显示几何体内框（开关）【Ctrl】＋【E】

（22）显示第一个工具条【Alt】＋【L】

（23）专家模式全屏（开关）【Ctrl】＋【X】

（24）暂存（Hold）场景【Alt】＋【Ctrl】＋【H】

（25）取回（Fetch）场景【Alt】＋【Ctrl】＋【F】

（26）冻结所选物体【6】

（27）跳到最后一帧【End】

（28）跳到第一帧【Home】

（29）显示/隐藏相机（Cameras）【Shift】＋【C】

（30）显示/隐藏几何体（Geometry）【Shift】＋【O】

（31）显示/隐藏网格（Grids）【G】

（32）显示/隐藏帮助（Helpers）物体【Shift】＋【H】

（33）显示/隐藏光源（Lights）【Shift】＋【L】

（34）显示/隐藏粒子系统（Particle Systems）【Shift】＋【P】

（35）显示/隐藏空间扭曲（Space Warps）物体【Shift】＋【W】

（36）锁定用户界面（开关）【Alt】＋【0】

（37）匹配到相机（Camera）视图【Ctrl】＋【C】

（38）材质（Material）编辑器【M】

（39）最大化当前视图（开关）【W】

1.1.3.2　辅助界面

（1）脚本编辑器【F11】

（2）新的场景【Ctrl】＋【N】

（3）法线（Normal）对齐【Alt】＋【N】

（4）向下轻推网格小键盘【－】

（5）向上轻推网格小键盘【＋】

（6）NURBS 表面显示方式【Alt】＋【L】或【Ctrl】＋【4】

（7）NURBS 调整方格 1【Ctrl】＋【1】

（8）NURBS 调整方格 2【Ctrl】＋【2】

（9）NURBS 调整方格 3【Ctrl】＋【3】

（10）偏移捕捉【Alt】＋【Ctrl】＋【空格】

（11）打开一个 Max 文件【Ctrl】＋【O】

（12）平移视图【Ctrl】＋【P】

（13）交互式平移视图【I】

（14）放置高光（Highlight）【Ctrl】＋【H】

（15）播放/停止动画【/】

（16）快速（Quick）渲染【Shift】＋【Q】

（17）回到上一场景操作【Ctrl】＋【A】

（18）回到上一视图操作【Shift】＋【A】

（19）撤销场景操作【Ctrl】＋【Z】

（20）撤销视图操作【Shift】＋【Z】

（21）刷新所有视图【1】

（22）用前一次的参数进行渲染【Shift】＋【E】或【F9】

（23）渲染配置【Shift】＋【R】或【F10】

（24）在 xy/yz/zx 锁定中循环改变【F8】

（25）约束到 X 轴【F5】

（26）约束到 Y 轴【F6】

（27）约束到 Z 轴【F7】

（28）旋转（Rotate）视图模式【Ctrl】＋【R】或【V】

（29）保存（Save）文件【Ctrl】＋【S】

（30）透明显示所选物体（开关）【Alt】＋【X】

（31）选择父物体【PageUp】

（32）选择子物体【PageDown】

（33）根据名称选择物体【H】

（34）选择锁定（开关）【空格】

（35）减淡所选物体的面（开关）【F2】

（36）显示所有视图网格（Grids）（开关）【Shift】＋【G】

（37）显示/隐藏命令面板【3】

（38）显示/隐藏浮动工具条【4】

（39）显示最后一次渲染的图画【Ctrl】＋【I】

（40）显示/隐藏主要工具栏【Alt】＋【6】

（41）显示/隐藏安全框【Shift】＋【F】

（42）显示/隐藏所选物体的支架【J】

（43）显示/隐藏工具条【Y】/【2】

（44）百分比（Percent）捕捉（开关）【Shift】＋【Ctrl】＋【P】

（45）打开/关闭捕捉（Snap）【S】

（46）循环通过捕捉点【Alt】＋【空格】

（47）声音（开关）【/】

（48）间隔放置物体【Shift】＋【I】

（49）改变到光线视图【Shift】＋【4】

（50）循环改变子物体层级【Ins】

（51）子物体选择（开关）【Ctrl】＋【B】

（52）贴图材质（Texture）修正【Ctrl】＋【T】

（53）加大动态坐标【＋】

（54）减小动态坐标【－】

（55）激活动态坐标（开关）【X】

（56）精确输入转变量【F12】

（57）全部解冻【7】

（58）根据名字显示隐藏的物体【5】

（59）刷新背景图像（Background）【Alt】＋【Shift】＋【Ctrl】＋【B】

（60）显示几何体外框（开关）【F4】

（61）视图背景（Background）【Alt】＋【B】

（62）用方框（Box）快显几何体（开关）【Shift】＋【B】

（63）打开虚拟现实数字键盘【1】

（64）虚拟视图向下移动数字键盘【2】

（65）虚拟视图向左移动数字键盘【4】

（66）虚拟视图向右移动数字键盘【6】

（67）虚拟视图向中移动数字键盘【8】

（68）虚拟视图放大数字键盘【7】

（69）虚拟视图缩小数字键盘【9】

（70）实色显示场景中的几何体（开关）【F3】

（71）全部视图显示所有物体【Shift】＋【Ctrl】＋【Z】

（72）视窗缩放到选择物体范围（Extents）【E】

（73）缩放范围【Alt】＋【Ctrl】＋【Z】

（74）视窗放大两倍【Shift】＋数字键盘【＋】

（75）放大镜工具【Z】

（76）视窗缩小一半【Shift】＋数字键盘【－】

（77）根据框选进行放大【Ctrl】＋【W】

（78）视窗交互式放大【[】

（79）视窗交互式缩小【]】

1.1.3.3　轨迹视图

（1）加入（Add）关键帧【A】

（2）前一时间单位【<】

（3）下一时间单位【>】

（4）编辑（Edit）关键帧模式【E】

（5）编辑区域模式【F3】

（6）编辑时间模式【F2】

（7）展开对象（Object）切换【O】

（8）展开轨迹（Track）切换【T】

（9）函数（Function）曲线模式【F5】或【F】

（10）锁定所选物体【空格】

（11）向上移动高亮显示【↓】

（12）向下移动高亮显示【↑】

（13）向左轻移关键帧【←】

（14）向右轻移关键帧【→】

（15）位置区域模式【F4】

（16）回到上一场景操作【Ctrl】＋【A】

（17）撤销场景操作【Ctrl】＋【Z】

（18）用前一次的配置进行渲染【F9】

（19）渲染配置【F10】

（20）向下收拢【Ctrl】＋【↓】

（21）向上收拢【Ctrl】＋【↑】

（22）用前一次的配置进行渲染【F9】

（23）渲染配置【F10】

（24）绘制（Draw）区域【D】

（25）渲染（Render）【R】

（26）锁定工具栏（泊坞窗）【空格】

（27）加入过滤器（Filter）项目【Ctrl】＋【F】

（28）加入输入（Input）项目【Ctrl】＋【I】

（29）加入图层（Layer）项目【Ctrl】＋【L】

（30）加入输出（Output）项目【Ctrl】＋【O】

（31）加入（Add）新的项目【Ctrl】＋【A】

（32）加入场景（Scene）事件【Ctrl】＋【S】

（33）编辑（Edit）当前事件【Ctrl】＋【E】

（34）执行（Run）序列【Ctrl】＋【R】

（35）新（New）的序列【Ctrl】＋【N】

1.1.3.4　NURBS 编辑

（1）CV 约束法线（Normal）移动【Alt】＋【N】

（2）CV 约束到 U 向移动【Alt】＋【U】

（3）CV 约束到 V 向移动【Alt】＋【V】

（4）显示曲线（Curves）【Shift】＋【Ctrl】＋【C】

（5）显示控制点（Dependents）【Ctrl】＋【D】

（6）显示格子（Lattices）【Ctrl】＋【L】

（7）NURBS 面显示方式切换【Alt】＋【L】

（8）显示表面（Surfaces）【Shift】＋【Ctrl】＋【S】

（9）显示工具箱（Toolbox）【Ctrl】＋【T】

（10）显示表面整齐（Trims）【Shift】＋【Ctrl】＋【T】

（11）根据名字选择本物体的子层级【Ctrl】＋【H】

（12）锁定 2D 所选物体【空格】

（13）选择 U 向的下一点【Ctrl】＋【→】

（14）选择 V 向的下一点【Ctrl】＋【↑】

（15）选择 U 向的前一点【Ctrl】＋【←】

（16）选择 V 向的前一点【Ctrl】＋【↓】

（17）根据名字选择子物体【H】

（18）柔软所选物体【Ctrl】＋【S】

（19）转换到 Curve CV 层级【Alt】＋【Shift】＋【Z】

（20）转换到 Curve 层级【Alt】＋【Shift】＋【C】

（21）转换到 Imports 层级【Alt】＋【Shift】＋【I】

（22）转换到 Point 层级【Alt】＋【Shift】＋【P】

（23）转换到 Surface CV 层级【Alt】＋【Shift】＋【V】

（24）转换到 Surface 层级【Alt】＋【Shift】＋【S】

（25）转换到上一层级【Alt】＋【Shift】＋【T】

（26）转换降级【Ctrl】＋【X】

（27）转换到控制点（Control Point）层级【Alt】＋【Shift】＋【C】

（28）到格点（Lattice）层级【Alt】＋【Shift】＋【L】

（29）到设置体积（Volume）层级【Alt】＋【Shift】＋【S】

（30）转换到上层级【Alt】＋【Shift】＋【T】

1.1.3.5　打开的 UVW 贴图

（1）进入编辑（Edit）UVW 模式【Ctrl】＋【E】

（2）调用 .uvw 文件【Alt】＋【Shift】＋【Ctrl】＋【L】

（3）保存 UVW 为 .uvw 格式的文件【Alt】＋【Shift】＋【Ctrl】＋【S】

（4）打断（Break）选择点【Ctrl】＋【B】

（5）分离（Detach）边界点【Ctrl】＋【D】

（6）过滤选择面【Ctrl】＋【空格】

（7）水平翻转【Alt】＋【Shift】＋【Ctrl】＋【B】

（8）垂直（Vertical）翻转【Alt】＋【Shift】＋【Ctrl】＋【V】

（9）冻结（Freeze）所选材质点【Ctrl】＋【F】

（10）隐藏（Hide）所选材质点【Ctrl】＋【H】

（11）全部解冻（Unfreeze）【Alt】＋【F】

（12）全部取消隐藏（Unhide）【Alt】＋【H】

（13）从堆栈中获取面选集【Alt】＋【Shift】＋【Ctrl】＋【F】

（14）从面获取选集【Alt】＋【Shift】＋【Ctrl】＋【V】

（15）锁定所选顶点【空格】

（16）水平镜像【Alt】＋【Shift】＋【Ctrl】＋【N】

（17）垂直镜像【Alt】＋【Shift】＋【Ctrl】＋【M】

（18）水平移动【Alt】＋【Shift】＋【Ctrl】＋【J】

（19）垂直移动【Alt】＋【Shift】＋【Ctrl】＋【K】

（20）平移视图【Ctrl】＋【P】

（21）像素捕捉【S】

（22）平面贴图面/重设 UVW【Alt】＋【Shift】＋【Ctrl】＋【R】

（23）垂直缩放【Alt】＋【Shift】＋【Ctrl】＋【O】

（24）移动材质点【Q】

（25）旋转材质点【W】

（26）等比例缩放材质点【E】

（27）焊接（Weld）所选的材质点【Alt】＋【Ctrl】＋【W】

（28）焊接（Weld）到目标材质点【Ctrl】＋【W】

（29）Unwrap 的选项（Options）【Ctrl】＋【O】

（30）更新贴图（Map）【Alt】＋【Shift】＋【Ctrl】＋【M】

（31）将 Unwrap 视图扩展到全部显示【Alt】＋【Ctrl】＋【Z】

（32）框选放大 Unwrap 视图【Ctrl】＋【Z】

（33）将 Unwrap 视图扩展到所选材质点的大小【Alt】＋【Shift】＋【Ctrl】＋【Z】

（34）缩放到 Gizmo 大小【Shift】＋【空格】

（35）缩放（Zoom）工具【Z】

（36）反应堆（Reactor）

（37）建立（Create）反应（Reaction）【Alt】＋【Ctrl】＋【C】

（38）删除（Delete）反应（Reaction）【Alt】＋【Ctrl】＋【D】

（39）编辑状态（State）切换【Alt】＋【Ctrl】＋【S】

（40）设置最大影响（Influence）【Ctrl】＋【I】

（41）设置最小影响（Influence）【Alt】＋【I】

（42）设置影响值（Value）【Alt】＋【Ctrl】＋【V】

1.1.3.6　视图的变换

（1）单击 Alt＋鼠标中键：旋转视图（在透视图模式下，如果是在二维视图里，就会切换成轴测图）。

（2）滚动鼠标中键：缩放当前的视图。

（3）Alt＋Z：有时鼠标滚轮动态太大，使逐步缩放。

（4）单击鼠标中键：平移视图。

（5）"【"和"】"：与中间缩放一样，但可以和命令同时操作，对相机视图不起作用。

（6）I：将视图的中心移到鼠标放的地方，可与其他命令同时工作。

（7）D：关闭当前视图的更新。

（8）Shift＋Z：对视图操作的 undo。

1.1.3.7　物体的观察

（1）Z：将所选物体作为中心来观察。

（2）Alt＋Q：只观察所选物体，临时隐藏其他的。

（3）F3：线框显示和 shader 显示的切换。

（4）F4：shader 显示下再显示线框的切换。

（5）F2：只显示选择面的框。

（6）J：隐藏物体选择框。

（7）O：快速观察切换。

1.1.3.8 物体的变换

（1）Q 选择，W 移动，E 旋转，R 缩放

（2）F5，F6，F7 是三个轴向的约束切换；F8 是三个位移平面约束的切换。

（3）S：捕捉。

（4）空格键：锁定当前选择的物体。

（5）＋、－：缩放操作框。

（6）A：旋转角度捕捉。定到 45°或者 90°，旋转特定的，比如修改器的操作框或者 poly 的切割平面。

（7）Ctrl＋选择：增加选择内容；Alt＋选择：减少。

（8）Shift＋变换操作：复制，主要用在移动上。

（9）1，2，3，4，5：切换到物体的子级别。

（10）Shift＋4：进入有指向性灯光视图。

（11）Alt＋6：显示/隐藏主工具栏。

（12）7：计算选择的多边形的面数（开关）。

（13）8：打开环境效果编辑框。

（14）9：打开高级灯光效果编辑框。

（15）0：打开渲染纹理对话框。

（16）Alt＋0：锁住用户定义的工具栏界面。

1.1.3.9 对话框调出

（1）H：选择物体。

（2）M：材质编辑。

（3）F9：渲染。

（4）F10：渲染设置。

1.1.3.10 渲染、动画

（1）Shift＋Q：渲染当前视窗。

（2）K：key 帧。

（3）F1：帮助。

（4）F2：加亮所选物体的面（开关）。

（5）F3：线框显示（开关）/光滑加亮。

（6）F4：在透视图中线框显示（开关）。

（7）F5：约束到 X 轴。

（8）F6：约束到 Y 轴。

（9）F7：约束到 Z 轴。

（10）F8：约束到 XY/YZ/ZX 平面（切换）。

（11）F9：用前一次的配置进行渲染（渲染先前渲染过的那个视图）。

（12）F10：打开渲染菜单。

（13）F11：打开脚本编辑器。

（14）F12：打开移动/旋转/缩放等精确数据输入对话框。

（15）、：刷新所有视图。

（16）1：进入物体层级 1 层。

（17）2：进入物体层级 2 层。

（18）3：进入物体层级 3 层。

（19）4：进入物体层级 4 层。

（20）Shift＋4：进入有指向性灯光视图。

（21）5：进入物体层级 5 层。

（22）Alt＋6：显示/隐藏主工具栏。

（23）7：计算选择的多边形的面数（开关）。

（24）8：打开环境效果编辑框。

（25）9：打开高级灯光效果编辑框。

（26）0：打开渲染纹理对话框。

（27）Alt＋0：锁住用户定义的工具栏界面。

（28）－（主键盘）：减小坐标显示。

（29）＋（主键盘）：增大坐标显示。

（30）[：以鼠标点为中心放大视图。

（31）]：以鼠标点为中心缩小视图。

（32）'：打开自定义（动画）关键帧模式。

（33）\：声音。

（34）","：跳到前一帧。

（35）·：跳到后一帧。

（36）/：播放/停止动画。

（37）Space：锁定/解锁选择的。

（38）Insert：切换次物体集的层级。

（39）Home：跳到时间线的第一帧。

（40）End：跳到时间线的最后一帧。

（41）Page Up：选择当前子物体的父物体。

（42）Page Down：选择当前父物体的子物体。

（43）Ctrl＋Page Down：选择当前父物体以下所有的子物体。

（44）A：旋转角度捕捉开关（默认为 5 度）。

（45）Ctrl＋A：选择所有物体。

（46）Alt＋A：使用对齐（Align）工具。

（47）B：切换到底视图。

（48）Ctrl＋B：子物体选择（开关）。

（49）Alt＋B：视图背景选项。

（50）Alt＋Ctrl＋B：背景图片锁定（开关）。

（51）Shift＋Alt＋Ctrl＋B：更新背景图片。

（52）C：切换到摄像机视图。

（53）Shift＋C：显示/隐藏摄像机物体（Cameras）。

（54）Ctrl＋C：使摄像机视图对齐到透视图。

（55）Alt＋C：在 Poly 物体的 Polygon 层级中进行面剪切。

（56）D：冻结当前视图（不刷新视图）。

（57）Ctrl＋D：取消所有的选择。

（58）E：旋转模式。

（59）Ctrl＋E：切换缩放模式（切换等比、不等比、等体积），同 R 键。

（60）Alt＋E：挤压 Poly 物体的面。

（61）F：切换到前视图。

（62）Ctrl＋F：显示渲染安全方框。

（63）Alt＋F：切换选择的模式（矩形、圆形、多边形、自定义），同 Q 键。

（64）Ctrl＋Alt＋F：调入缓存中所存场景（Fetch）。

（65）G：隐藏当前视图的辅助网格。

（66）Shift＋G：显示/隐藏所有几何体（Geometry）（非辅助体）。

（67）H：显示选择物体列表菜单。

（68）Shift＋H：显示/隐藏辅助物体（Helpers）。

（69）Ctrl＋H：使用灯光对齐（Place Highlight）工具。

（70）Ctrl＋Alt＋H：把当前场景存入缓存中（Hold）。

（71）I：平移视图到鼠标中心点。

（72）Shift＋I：间隔放置物体。

（73）Ctrl＋I：反向选择。

（74）J：显示/隐藏所选物体的虚拟框（在透视图、摄像机视图中）。

（75）K：打关键帧。

（76）L：切换到左视图。

（77）Shift＋L：显示/隐藏所有灯光（Lights）。

（78）Ctrl＋L：在当前视图使用默认灯光（开关）。

（79）M：打开材质编辑器。

（80）Ctrl＋M：光滑 Poly 物体。

（81）N：打开自动（动画）关键帧模式。

（82）Ctrl＋N：新建文件。

（83）Alt＋N：使用法线对齐（Place Highlight）工具。

（84）O：降级显示（移动时使用线框方式）。

（85）Ctrl＋O：打开文件。

（86）P：切换到等大的透视图（Perspective）视图。

（87）Shift＋P：隐藏/显示离子（Particle Systems）物体。

（88）Ctrl＋P：平移当前视图。

（89）Alt＋P：在 Border 层级下使选择的 Poly 物体封顶。

（90）Shift＋Ctrl＋P：百分比（Percent Snap）捕捉（开关）。

（91）Q：选择模式（切换矩形、圆形、多边形、自定义）。

（92）Shift＋Q：快速渲染。

（93）Alt＋Q：隔离选择的物体。

（94）R：缩放模式（切换等比、不等比、等体积）。

（95）Ctrl＋R：旋转当前视图。

（96）S：捕捉网络格（方式需自定义）。

（97）Shift＋S：隐藏线段。

（98）Ctrl＋S：保存文件。

（99）Alt＋S：捕捉周期。

（100）T：切换到顶视图。

（101）U：改变到等大的用户（User）视图。

（102）Ctrl＋V：原地克隆所选择的物体。

（103）W：移动模式。

（104）Shift＋W：隐藏/显示空间扭曲（Space Warps）物体。

（105）Ctrl＋W：根据框选进行放大。

（106）Alt＋W：最大化当前视图（开关）。

（107）X：显示/隐藏物体的坐标（gizmo）。

（108）Ctrl＋X：专业模式（最大化视图）。

（109）Alt＋X：半透明显示所选择的物体。

（110）Y：显示/隐藏工具条。

（111）Shift＋Y：重做对当前视图的操作（平移、缩放、旋转）。

（112）Ctrl＋Y：重做场景（物体）的操作。

（113）Z：放大各个视图中选择的物体（各视图最大化现实所选物体）。

（114）Shift＋Z：还原对当前视图的操作（平移、缩放、旋转）。

（115）Ctrl＋Z：还原对场景（物体）的操作。

（116）Alt＋Z：对视图的拖放模式（放大镜）。

（117）Shift＋Ctrl＋Z：放大各个视图中所有的物体（各视图最大化显示所有物体）。

（118）Alt＋Ctrl＋Z：放大当前视图中所有的物体（最大化显示所有物体）。

（119）鼠标中键：移动。

1.2 对象布尔运算

对象布尔运算 boolean（布尔运算）可对两个相交对象进行差、并、交集运算。在 3D Studio Max 4.0 中还可对一个物体进行多次的布尔运算，还可对原对象的参数进行修改，并且直接影响布尔运算的结果，如图 1－55 所示。

在创建面板中切换复合对象，"布尔""ProBoolean""ProCutter"，下面我们来具体操作。

（1）创建"长方体"—创建"球体"镶嵌在"长方体"中，如图 1－56 所示。

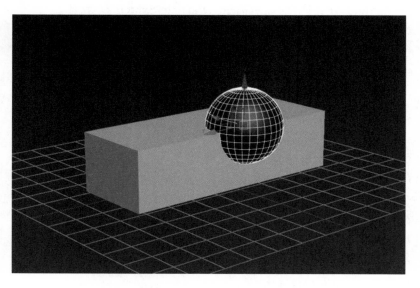

图 1－55　复合对象面板（1）　　　　　　图 1－56　"球体"镶嵌在"长方体"中

（2）切换"复合对象"面板—"布尔"（图 1-57）—"拾取操作对象"选择子母对象，如图 1-58 所示。

图 1-57　复合对象面板（2）

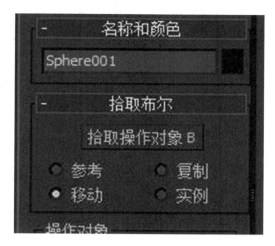

图 1-58　拾取操作对象

1.2.1　选择并集

选择"并集"效果，如图 1-59 所示。

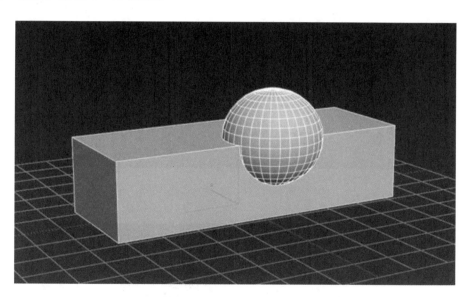

图 1-59　"并集"效果图

1.2.2　选择交集

选择"交集"效果，如图 1-60 所示。

1.2.3　选择差集（a-b）

选择"差集"效果，如图 1-61 所示。

1.2.4　选择差集（b-a）

选择"差集"效果，如图 1-62 所示。

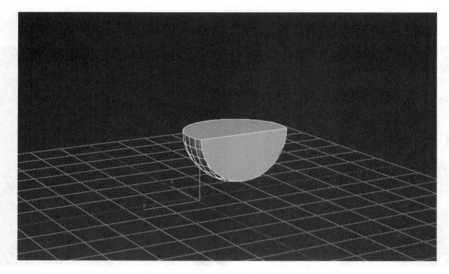

图 1-60　"交集"效果图

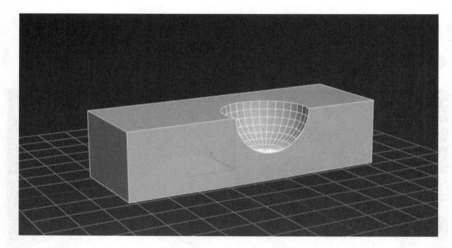

图 1-61　"（a—b）差集"效果图

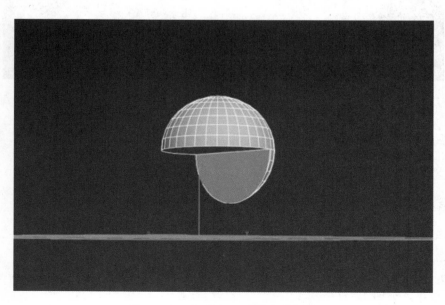

图 1-62　"（b—a）差集"效果图

1.2.5　选择切割

选择"切割"效果，如图1-63所示。

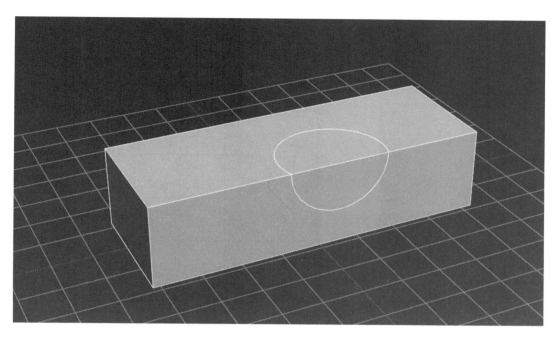

图1-63　"切割"效果图

1.3　材　质

　　材质指的是创建的这一物体本身自带的物理属性。我们在观察物体时会发现物体有不同的特性，比如陶瓷是釉面反光的材质、玻璃是半透明光滑的材质、不锈钢是反射环境的材质（图1-64）、塑料是哑光不反光的材质（图1-65）。材质的应用可以使场景创建具有更为真实的效果。

图1-64　不锈钢是反射环境的材质

图1-65　塑料是哑光不反光的材质

1.3.1 界面认知与操作

给物体赋予材质就要使用"材质编辑器"：对材质球进行编辑，再将编辑好的材质球赋予模型，根据模型调整参数设置以达到材质效果，如图 1-66 所示。

（1）在视口中显示标准贴图，点击 ▦ 即可在场景的模型中显示给予的标准贴图。

（2）点击列表中的材质球，列表外框白框加粗显示即表明被选中，如图 1-67 所示。

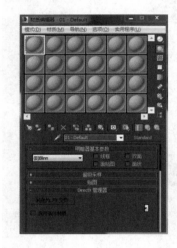

图 1-66　"材质编辑器"对话框

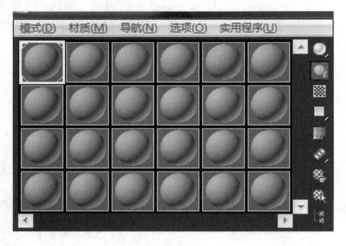

图 1-67　选中材质球

（3）在材质球选中的状态下单击鼠标右键，在弹出的窗口里可以设置示例框里材质球的行列和数量。

（4）点击右侧的"背景"，这样可以更直观方便地观察材质球的效果，特别是具有透明属性的材质，如图 1-68 所示。

（5）若想将材质赋予一个物体，点击 ▦ "将材质指定给选定对象"。

（6）"拾取" ▨ 工具可以用鼠标点击拾取场景中或者材质球上的材质后复制在新的材质球上。

1.3.2 "Blinn"材质

"Blinn"是标准材质的明暗器类型，它主要通过光滑的方式渲染模型的表面，也可根据参数的调整调节出不同种类的材质。

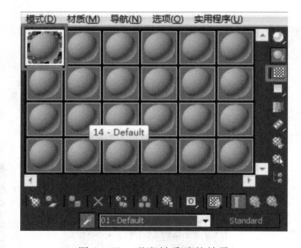

图 1-68　观摩材质球的效果

下面我们来使用"Blinn"材质调整出光滑的陶瓷效果，以此来熟悉基础操作。

（1）创建"圆柱体"，如图 1-69 所示。

（2）单击快捷键"M"打开"材质编辑器"，选中材质球，如图 1-70 所示。在"明暗器基本参数"的下拉菜单中选择"Blinn"，如图 1-71 所示。

（3）在"Blinn 基本参数"中点击"漫反射"颜色条，即可弹出颜色选择器，如图 1-72 所示。根据物体材质的颜色来拖动调整，如图 1-73 所示。赋予对象物体材质，如图 1-74 所示。

（4）对象有了固有色后来设置反光釉面效果，在"Blinn 基本参数"中的"反射高光"栏里将参数设置为：高光级别 70、光泽度 70，观察效果，如图 1-75 所示。

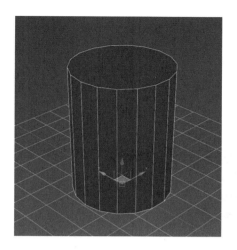

图1-69 创建"圆柱体"

图1-70 选中材质球

图1-71 选择"Blinn"项

图1-72 点击"漫反射"颜色条

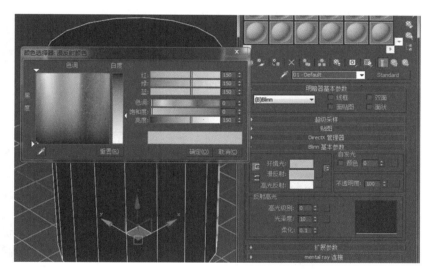

图1-73 在"颜色选择器"上选择颜色

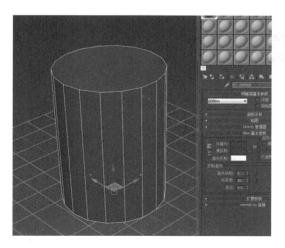

图1-74 赋予对象物体材质

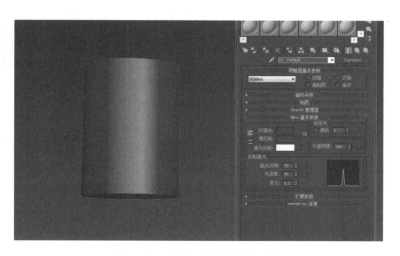

图1-75 设置"反射高光"参数

1.3.3 金属材质

（1）创建"茶壶"，使用快捷键"M"打开"材质编辑器"—赋予材质，如图1-76所示。

（2）金属材质的特点就是其对于环境的反射，所以在"明暗器基本参数"中选择"（M）金属"，然后将物体的固有色调整为灰色，如图1-77所示。在"反射高光"里设置参数为：高光级别106、光泽度86，如图1-78所示。

图1-76　创建"茶壶"

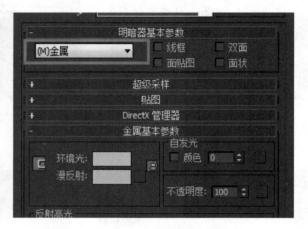

图1-77　设置"明暗器基本参数"

图1-78　设置"反射高光"参数

（3）由于金属材质具有反射环境的特点，所以在"贴图"—"反射"通道里添加"光线追踪"贴图，使材质具有反射自身和周围物体的效果，如图1-79所示。

（4）由于金属材质本身是靠环境来反射和倒影的，所以图1-80所示为搭建的一个简单场景。

（5）使用快捷键"M"选择一个材质球，将"Blinn基本参数"里的"自发光"设置为100，使材质不受灯光影响，如图1-81所示。在"漫反射"通道里添加"渐变坡度"贴图，如图1-82所示。设置渐变颜色，如图1-83所示。在"坐标"里翻转坐标，将W设置为90，如图1-84所示。再赋予背景材质。最后在渲染窗口观察效果，如图1-85所示。

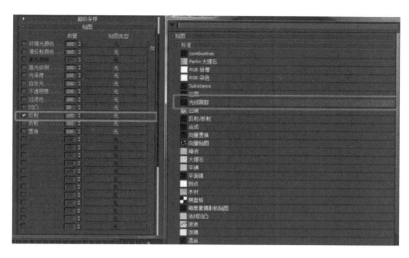

图 1-79　添加"光线追踪"贴图

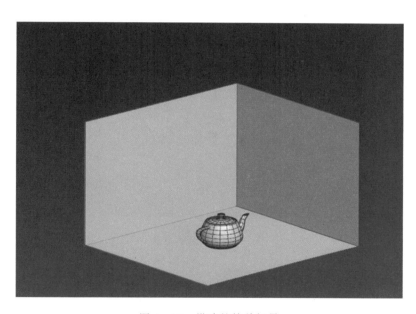

图 1-80　搭建的简单场景

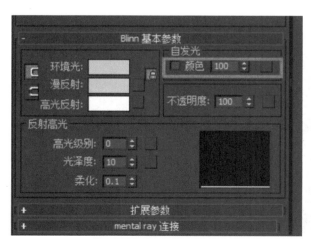

图 1-81　设置"Blinn 基本参数"

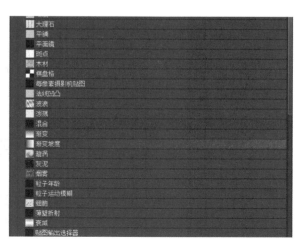

图 1-82　添加"渐变坡度"贴图

图 1-83 设置渐变颜色

图 1-84 设置"坐标"参数

图 1-85 茶壶效果图

1.3.4 玻璃半透明材质

（1）创建"球体"，如图 1-86 所示。

（2）使用快捷键"M"打开"材质编辑器"—赋予材质，如图 1-87 所示。

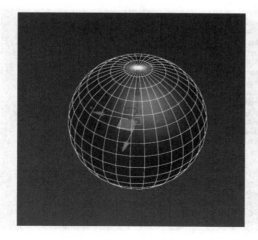

图 1-86 创建"球体"

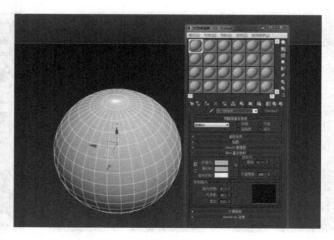

图 1-87 打开"材质编辑器"

（3）玻璃材质的特点就是透明度高，所以需要设置物体的透明度。在"Blinn 基本参数"的不透明度选项栏，更改参数值为 15～50（图 1-88），即可看到材质球的明显变化（图 1-89）。双击材质球即可放大观察效果，如图 1-90 所示。或者点击"背景"来观察效果，如图 1-91 所示。

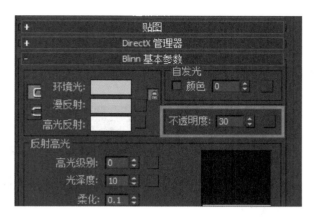

图 1-88　设置"Blinn 基本参数"

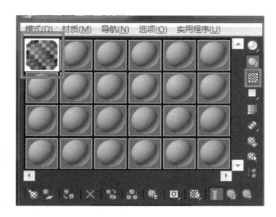

图 1-89　材质球出现明显变化

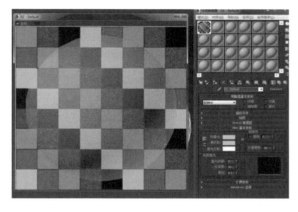

图 1-90　放大效果图

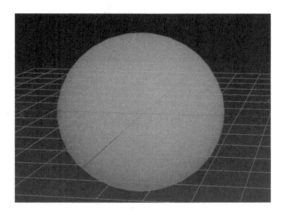

图 1-91　点击"背景"后的效果图

（4）玻璃材质是光滑的，有反射。接下来需要设置玻璃材质的高光反射效果。在"Blinn 基本参数"中找到反射高光栏，将参数设置为：高光级别 110、光泽度 50。光泽度设置越大，光线发散的范围越小，如图 1-92 所示，效果图如图 1-93 所示。

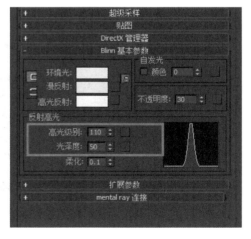

图 1-92　设置"Blinn 基本参数"

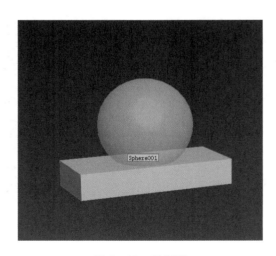

图 1-93　效果图

1.3.5 多维/子对象材质

当一个物体上需要赋予不同的材质时，即可使用多维/子对象材质，通过与对象多边形层级的编号对应来实现。

（1）"创建"—"长方体"—"可编辑多边形"—"面"，在面板中找到"多边形：材质ID"，将不同的面设置不同的ID。将ID设置为1，效果如图1-94所示；将ID设置为2，效果如图1-95所示。这样模型的ID会自动对应多维/子材质的ID号，使同一物体的不同面可以有不同的材质。

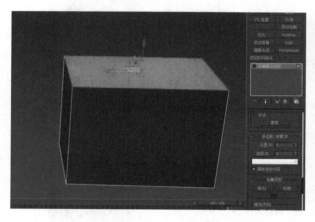
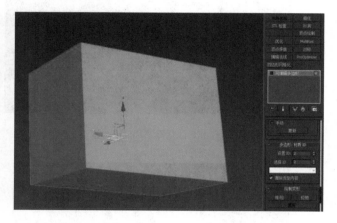

图1-94　ID设置为1时的效果　　　　　　　图1-95　ID设置为2时的效果

（2）切换"M"打开材质编辑器，选择材质球。点击"材质类型"按钮 Standard 即会弹出"材质/贴图浏览器"对话框，展开"材质"里"标准"目录，选择"多维/子对象"，如图1-96所示。材质即会弹出"替换材质"窗口，选择"丢弃旧材质"后点击"确定"，如图1-97所示。

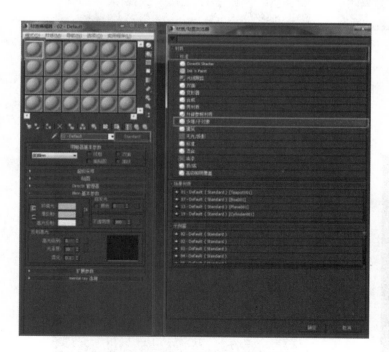

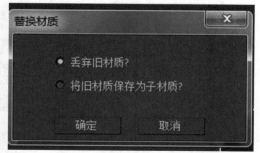

图1-96　"材质/贴图浏览器"对话框　　　　图1-97　"替换材质"窗口

（3）在"材质编辑器"窗口的"多维/子对象基本参数"栏里选择"设置数量" 设置数量 ，如图 1-98 所示。在弹出窗口里设置参数"材质数量"为 2，如图 1-99 所示。点击"确定"，如图 1-100 所示。

图 1-98　设置"材质编辑器"

图 1-99　"设置材质数量"

（4）单击 1 号 ID 对应的"子材料"栏下的"无"，在弹出的"材质/贴图浏览器"的"材质"里选择标准材质，如图 1-101 所示。

图 1-100　设置后

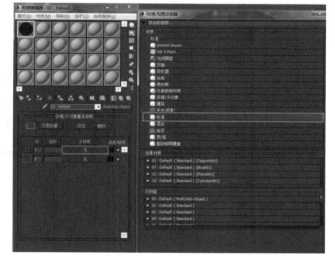

图 1-101　选择标准材质

（5）在"Blinn 基本参数"栏里将"漫反射"颜色设置为白色、"高光级别"设置为 10、"光泽度"设置为 30，如图 1-102 所示。

（6）点击"转换父对象"切换至"多维/子对象基本参数"栏，点击 2 号 ID 对应的"子材质"栏下的"无"，在弹出的"材质/贴图浏览器"中选择"标准"材质选项，如图 1-103 所示。

（7）在"Blinn 基本参数"栏里将"漫反射"颜色设置为黑色、"高光级别"设置为 10、"光泽度"设置为 30，如图 1-104 所示。

（8）将材质赋予到对象，单击快捷键"F9"即可看见渲染效果，如图 1-105 所示。

图 1 - 102 设置"Blinn 基本参数"

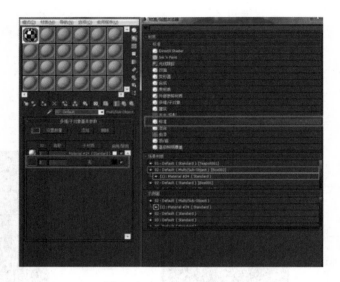

图 1 - 103 选择标准材质

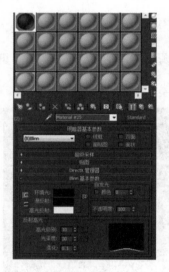

图 1 - 104 设置"Blinn 基本参数"

图 1 - 105 渲染效果图

1.4 贴　图

　　贴图即使用图片对物体的表面进行贴图，以此来增加物体表面的纹理和图案，使创建的物体更加趋于现实，其中最频繁使用的贴图方法就是"位图"贴图。

1.4.1 "位图"贴图

　　（1）创建"长方体"，如图 1 - 106 所示。

　　（2）使用快捷键"M"打开"材质编辑器"，选中材质球，点击"Blinn 基本参数"栏"漫反射"的"贴图"按钮 ，如图 1 - 107 所示。

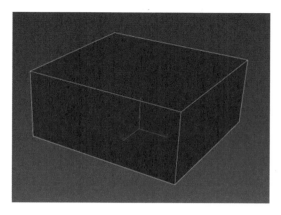

图 1-106　创建"长方体"

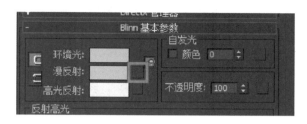

图 1-107　点击贴图按钮

（3）在弹出的"材质/贴图浏览器"栏的"贴图"—"标准"中点击"位图"材质，如图 1-108 所示。

（4）在弹出窗口中选择贴图所需要的图片，如图 1-109 所示。点击"打开"完成选项，即可看到贴图被赋予到了材质球上，如图 1-110 所示。

图 1-108　点击"位图"材质

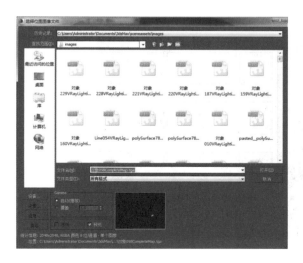

图 1-109　在弹出窗口中选择贴图所需图片

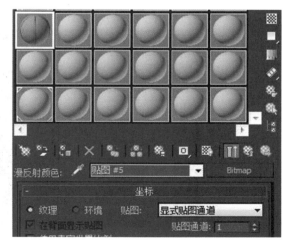

图 1-110　贴图被赋予到材质球上

（5）将材质赋予至物体上面，如图 1-111 所示。使用快捷键"F9"观察效果，如图 1-112 所示。

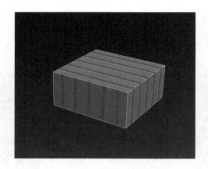
图 1-111　材质赋予至物体上面

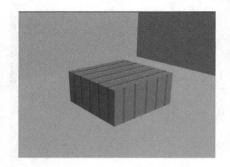
图 1-112　效果图

1.4.2　基础贴图

在 3ds Max 系统里有许多自带的贴图，熟悉运用并了解其特性。

1.4.2.1　"凹痕"贴图

"凹痕"贴图可以产生凹凸不平的表面效果，运用于岩石表面、生锈的金属制品等。

（1）创建"球体"—使用快捷键"M"打开"材质编辑器"，如图 1-113 所示。

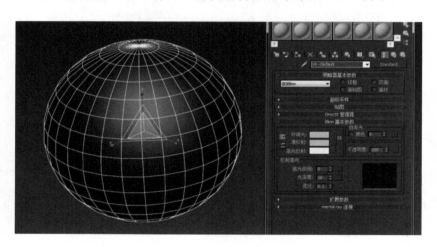
图 1-113　打开"材质编辑器"

（2）打开"Blinn 基本参数"—"漫反射"—"贴图"—"标准"—"凹痕"材质，如图 1-114 所示。

图 1-114　"凹痕"材质

（3）在"凹痕参数"栏中将参数设置为：大小为100、强度为10、迭代次数为1，将固有色调成灰色，如图1-115所示。

（4）将材质赋予物体上，使用快捷键"F9"后观察效果，如图1-116所示。

图1-115 设置"凹痕参数"　　　　　　　图1-116 "凹痕"贴图效果图

1.4.2.2 "大理石"贴图

（1）创建"长方体"—使用快捷键"M"打开"材质编辑器"，如图1-117所示。

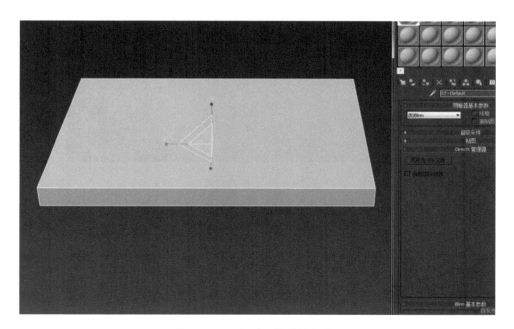

图1-117 打开"材质编辑器"

（2）打开"Blinn基本参数"—"漫反射"—"贴图"—"标准"—"大理石"材质—将材质赋予物体上，使用快捷键"F9"后观察效果，如图1-118所示。

1.4.2.3 "渐变"贴图

"渐变"贴图可以为模型添加从一种颜色到另一种颜色渐变的效果。

（1）创建"四棱锥"—使用快捷键"M"打开"材质编辑器"，如图1-119所示。

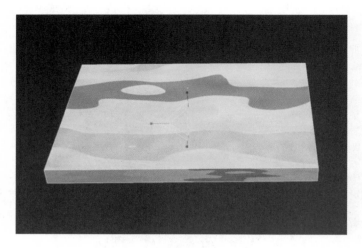

图 1-118 "大理石"贴图效果图

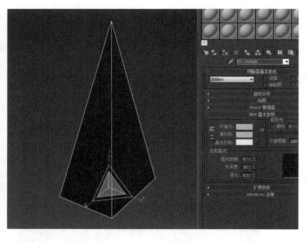

图 1-119 打开"材质编辑器"

（2）打"Blinn 基本参数"—"漫反射"—"贴图"—"标准"—"渐变"材质，如图 1-120 所示。

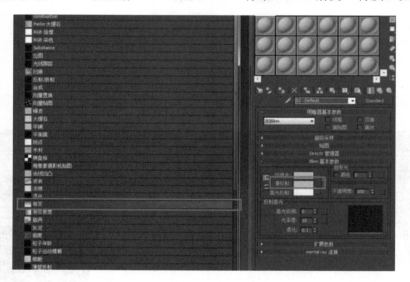

图 1-120 渐变材质

（3）将颜色条颜色♯1 的 RGB 设置为：190、110、210；将颜色条颜色♯2 的 RGB 设置为：128、150、190；将颜色条颜色♯3 的 RGB 设置为：240、250、150，如图 1-121 所示。

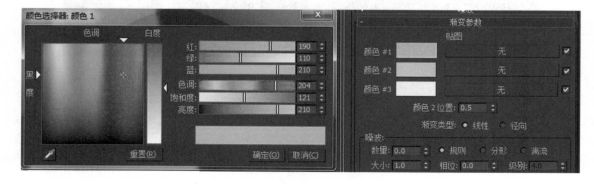

图 1-121 设置颜色条颜色

（4）将材质赋予物体上，使用快捷键"F9"后观察效果，如图1-122所示。

图1-122 "渐变"贴图效果图

1.5 灯 光

场景中的灯光尤为重要，灯光有助于一种情感的表达，或引导观众的眼睛到特定的位置。可以为场景提供深度，展现丰富的层次。

在创建面板中找到灯光面板 ，在面板中又分为三个灯光类别：光度学、标准、VRay。其中光度学灯光可以模拟真实的灯光照明效果；标准灯光为系统自带的灯光；VRay灯光对应的渲染器，其灯光的衰减是自动的，如图1-123所示。

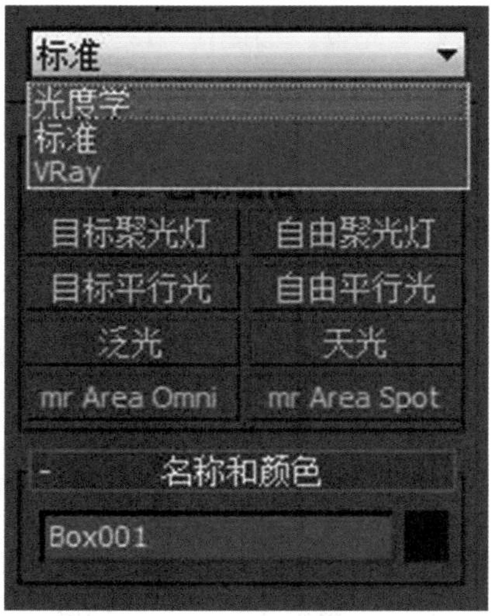

（1）标准灯光

"标准灯光"是基于计算机的模拟灯光对象，如家庭或办公室灯具，舞台和电影工作时使用的灯光设备或太阳光本身。不同种类的灯光对于对象可用不同的方法投射，模拟不同种类的光源。与"光度学灯光不同"，"标准灯光"不具有基于物理的强度值。

"标准灯光"分为八种类型，包括目标聚光灯、自由聚光灯、目标平行光、自由平行光、泛光、天光、mr Area Omni（mental ray 区域泛光灯）和 mr Area Spot（mental ray 区域聚光灯）。

图1-123 灯光面板

（2）光度学灯光

"光度学灯光"可以使用光度学更精准地定义灯光，就像在真实世界中一样，可以设置它们的分布、强度、色温和其他真实世界灯光的特性，也可以一边导入照明制造商的特定光度学文件，一边设计基于商用灯光的照明。将"光度学灯光"与"光能传递"解决方案结合起来后，可以生成物理精准的渲染或执行照明分析。

"光度学灯光"对象有三种类型：目标灯光、自由灯光、mr 天空门户。

下面选择几种常用的标准灯光类型进行介绍。

1.5.1　目标聚光灯的添加

对目标区域进行聚光照射，未在照射范围内的物体则没有灯光。

（1）在面板中切换"灯光"—"标准"—"目标聚光灯"，如图 1-124 所示。

（2）在需要设置灯光的物体的顶视图上长按鼠标左键的同时向左侧拖动鼠标，即可在场景中创造出"目标聚光灯"，如图 1-125 所示。

图 1-124　选择"目标聚光灯"

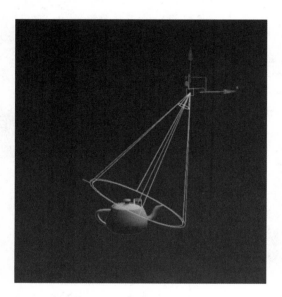

图 1-125　创造"目标聚光灯"

（3）目标聚光灯有两个轴点，可以通过调整轴的位置来改变受光方向和面积。调整发光点，如图 1-126 所示；调整受光点，如图 1-127 所示。

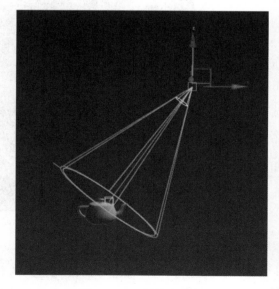

图 1-126　调整发光点

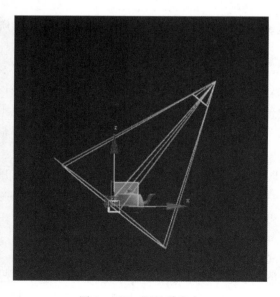

图 1-127　调整受光点

（4）使用快捷键"F9"，观察渲染后的灯光效果，如图1-128所示。

图1-128 目标聚光灯效果图

1.5.2 目标平行光的添加

目标平行光主要用于模拟真实的太阳光与天光的照射效果。

（1）在面板中切换"灯光"—"标准"—"目标平行光"，如图1-129所示。

（2）在需要设置灯光的物体的顶视图上长按鼠标左键的同时向左侧拖动鼠标，即可在场景中创造出"目标平行光"，如图1-130所示。

（3）目标聚光灯有两个轴点，可以通过调整轴的位置来改变受光方向和面积。打开"平行光参数"面板，将"聚光区/光束"参数设置为300，如图1-131所示。

（4）使用快捷键"F9"，观察渲染后的灯光效果，如图1-132所示。

图1-129 选择"目标平行光"

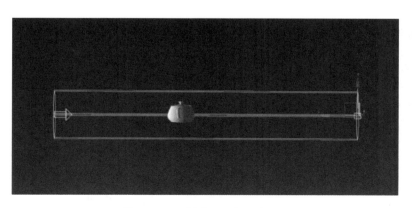

图1-130 创造"目标平行光"

图1-131 设置"聚光区/光束"参数

图 1-132　目标平行光效果图

1.5.3　自由平行光的添加

当太阳在地球表面上投影时，所有平行光以一个方向投影平行光线。平行光主要用于模拟太阳光，且可以调整灯光的颜色和位置并在 3D 空间中旋转灯光。

（1）在面板中切换"灯光"—"标准"—"自由平行光"，如图 1-133 所示。

（2）单击即可在场景中创造出"自由平行光"，如图 1-134所示。

（3）自由平行光，可以通过调整轴的位置来改变受光方向和面积。打开"自由平行光"面板，将"聚光区/光束"参数设置为 500，如图 1-135 所示。

（4）使用快捷键"F9"，观察渲染后的灯光效果，如图 1-136所示。

图 1-133　选择"自由平行光"

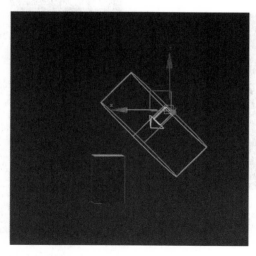

图 1-134　创造"自由平行光"

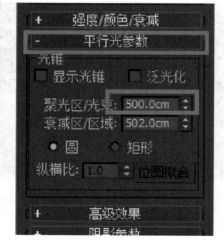

图 1-135　设置"聚光区/光束"参数

图 1-136　自由平行光效果图

1.5.4　泛光灯的添加

泛光灯一般用于场景中的辅助光源，一般默认不会生成阴影。

（1）在面板中切换"灯光"—"标准"—"泛光"，如图 1-137所示。

（2）单击即可在场景中创造出泛光灯，如图 1-138 所示。

（3）使用快捷键"F9"，观察渲染后的灯光效果，如图1-139所示。

图 1-137　选择泛光灯

图 1-138　创造泛光灯

图 1-139　泛光灯效果图

1.6　摄像机

摄像机可以固定场景里观看的角度和范围，还可通过摄像机制定所需的动画路径。

可以使用"摄像机"从特定的观察点表现场景，使对象模拟现实世界中的静态图像、运动图片或视频摄影机。使用"摄影机视图"可以调整"摄影机"，就好像正在通过其镜头进行观看。

"摄影机视图"对于编辑几何体和设置渲染的场景十分实用，配合多个"摄影机"可以提供相同场景的不同视图。使用"摄影机校正"修改器可以校正两点视角的"摄影机视图"，其中垂线仍然垂直。如果要设置观察点的动画，可以创建一个摄像机并设置其位置的动画。显示面板的"按类别隐藏"卷展栏可以进行切换，以启用或禁用摄像机对象的显示。

控制摄像机对象显示的简洁方法是在单独的层上创建这些对象，通过禁用层还可以快速地将其隐藏。

1.6.1　摄像机的创建

目标摄像机由两个对象组成：相机和相机目标。相机代表人的眼睛，目标指的是要观察的点。可以独立地变换相机和目标，但是相机总要注视它的目标。

而自由摄像机是单个的对象，即相机。对于跟随路径的动画来说，使用自由相机就比目标相机容易，自由相机将沿路径倾斜——而这些都是目标相机做不到的。可以使用 Lookat 控制器把自由相机转变为目标相机。Lookat 控制器可以拾取任何对象作为目标。

1.6.2　目标摄影机

当创建摄影机时，"目标"摄影机沿着放置的目标图标查看区域。

"目标"摄影机比"自由"摄影机更容易定向，只需将"目标"对象定位在所需位置的中心即可。可以通过设置"目标"摄影机及其"目标"的动画来创建有趣的效果。如果要沿着路径来设置"目标"和"摄影机"的动画，最好将它们链接到虚拟对象上，然后设置虚拟对象的动画。

（1）切换创建面板"摄影机"—"目标摄影机"勾选"自动栅格"，如图 1-140 所示。

（2）在已构建好的场景中架设摄影机，通过轴来调整位置，如图 1-141 所示。

图 1-140　勾选"自动栅格"

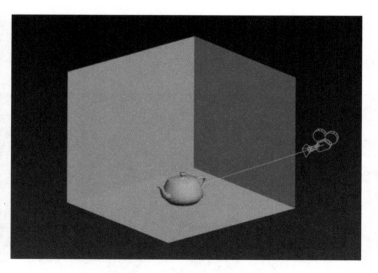

图 1-141　调整摄像机位置

（3）使用快捷键"C"即可切换摄影机视角，效果如图 1-142 所示。

图1-142 效果图

1.6.3 自由摄影机

"自由"摄影机在摄影机指向的方向查看区域，与"目标"摄影机不同，它有两个用于"目标"和"摄影机"的独立图标，"自由"摄影机由单个图标表示，用于更轻松地绘制动画。

切换创建面板"摄影机"—"自由摄影机"勾选"自动栅格"，如图1-143所示。

1.7 渲 染

图1-143 自由摄影机设置

对搭建好的场景进行渲染出图，使模型的材质、贴图、光、摄影机的效果能在图片中更好地体现出来。在菜单栏中可选择渲染项目，如图1-144所示。

3ds Max自带了多种渲染器，其他渲染器可以作为第三方插件组件提供。3ds Max自身附带的渲染器有默认扫描线渲染器、NVIDIA iray渲染器、Quicksilver硬件渲染器和VUE文件渲染器，如图1-145所示。

图1-144 选择渲染项目

图1-145 渲染设置

1.7.1 默认扫描线渲染器

1.7.1.1 公共参数栏

"公用参数栏"可以用来统一设置所有渲染器的参数。

（1）时间输出

其中"单帧"用于仅渲染当前的显示帧，"活动时间段"为显示在时间滑块内的当前帧"范围"。"范围"是指定两个数字之间的所有帧，"帧"可以指定非连续帧，如图 1-146 所示。

（2）要渲染的区域

用来控制局部区域渲染、已选择的区域渲染、视图区域渲染等方式，如图 1-147 所示。

图 1-146 设置"时间输出"

图 1-147 选择"要渲染的区域"

（3）输出大小

在其下拉列表中可以选择标准的电影和视频分辨率以及纵横比，如图 1-148 所示。"光圈宽度（毫米）"用于设置渲染输出的摄影机光圈宽度，"宽度/高度"用于设置图像的宽度和高度参数，即可控制输出图像的大小，如图 1-149 所示。

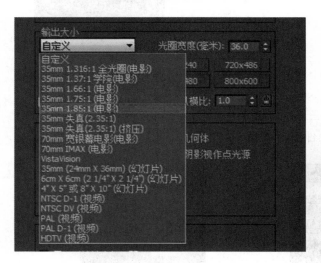

图 1-148 设置"输出大小"（1）

图 1-149 设置"输出大小"（2）

（4）选项

用于控制产生大气、效果、置换、视频颜色检查、渲染为场、渲染隐藏几何体、区域光源/阴影视作点光源、强制双面和超级黑等，如图 1-150 所示。

（5）高级照明

用于在渲染过程中提供光能传递解决方案或光跟踪，如图 1-151 所示。

图 1-150　设置选项

图 1-151　设置"高级照明"

（6）渲染输出

主要设置渲染输出保存文件的路径、名称和格式，也可以将渲染输出到设备上，如图 1-152 所示。

（7）电子邮件通知栏

可以将作品发送至电子邮箱，并且不需要在系统上花费时间，如图 1-153 所示。

图 1-152　设置"渲染输出"

图 1-153　电子邮件通知栏

（8）脚本卷展栏

脚本卷展栏可以进行预渲染和渲染后期操作，如图 1-154 所示。

（9）指定渲染器卷展栏

如图 1-155 所示。

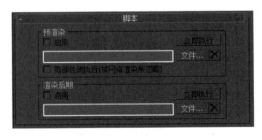

图 1-154　脚本卷展栏

图 1-155　指定渲染器卷展栏

（10）产品级

单击即弹出"选择渲染器"列表，点击"选择"，如图 1-156 所示。

（11）材质编辑器

用于选择渲染材质编辑器中示例窗的渲染器，如图 1-157 所示。

（12）ActiveShade

活动暗部阴影，是选择用于预览场景中照明和材质更改效果的暗部阴影渲染器，如图 1-158 所示。

（13）保存为默认设置

用于将当前指定的渲染器保存为默认设置，以便下回启动保留参数，如图 1-159 所示。

图 1-156　选择渲染器　　　　　　　　　　　　图 1-157　材质编辑器

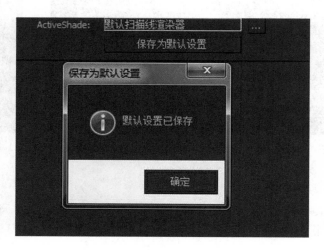

图 1-158　ActiveShade　　　　　　　　　　　图 1-159　保存为默认设置

1.7.1.2　渲染器面板

　　用于设置活动渲染器的主要选项，如果场景中包含动画位图（材质、投影灯、环境），则每个帧将一次重新加载一个动画文件。如果场景使用多个动画，或者动画本身是大文件，会降低渲染的性能，如图 1-160 所示。

　　（1）选项：设置添加贴图、自动反射、折射、镜像、阴影、强制线框和启用 SSE 等控制项目，如图 1-161 所示。

　　（2）抗锯齿：用于平滑渲染时产生的锯齿状边缘，如图 1-162 所示。

　　（3）全局超级采样：在其中可以设置全局超级采样器、采样贴图和采样方法，如图 1-163 所示。

　　（4）对象运动模糊：通过设置对象属性框来决定对某对象进行运动模糊，如图 1-164 所示。

图 1-160　"渲染器"面板

图 1-161 设置"选项"

图 1-162 设置"抗锯齿"

图 1-163 设置"全局超级采样"

图 1-164 设置"对象运动模糊"

（5）图像运动模糊：通过创建拖影效果而不是多个图像来模糊对象，如图 1-165 所示。

（6）自动反射/折射贴图：设置对象在非平面自动反射贴图上的反射次数，如图 1-166 所示。

图 1-165 设置"图像运动模糊"

图 1-166 设置"自动反射/折射贴图"

（7）颜色范围限制：通过限制或缩放来处理超出范围的颜色分量，颜色范围限制允许用户处理亮度过高的问题，如图 1-167 所示。

（8）内存管理：启用内存选项后，渲染使用更少的内存，但是会增加一点内存的时间，如图 1-168 所示。

图 1-167 设置"颜色范围限制"

图 1-168 设置"内存管理"

1.7.1.3 高级照明面板

高级照明面板可以设置成一个高级照明模式，可分为三种模式：无照明插件、光跟踪器、光能传递，如图 1-169 所示。

（1）"光跟踪器"可以为亮度高的场景提供自然或柔和的阴影边缘与映射效果。并且相较于"光能传递"更简洁、更方便设置参数来达到想要的效果，如图 1-170 所示。

（2）"光能传递"的效果有些类似于渲染效果，可以比较真实地模拟物体之间颜色、阴影、明暗的相互作用，可以在模拟场景中生成更准确的照明光度学模拟，如图 1-171 所示。

图 1-169 设置"高级照明"　　　　图 1-170 光跟踪器模式　　　　图 1-171 光能传递

1.7.2　iray 渲染器

在"指定渲染器"卷展栏中可以指定"NVIDIA iray"渲染器，如图 1-172 所示。选择渲染产品级的按钮 ■，在弹出的选择渲染器对话框中指定选择"NVIDIA iray"渲染器，如图 1-173 所示。

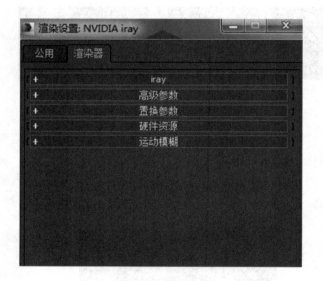

图 1-172 指定"NVIDIA iray"渲染器　　　　　　图 1-173 选择"iray"渲染器

iray 渲染器通过跟踪灯光路径来创建物理上精确的渲染。与其他渲染器相比，它几乎不需要设置。

iray 渲染器的主要处理方法是基于时间：可以指定要渲染的时间长度、要渲染的迭代次数，或者只需要启动渲染一段不确立的时间后，在对结果外观满意时将渲染停止。

与其他的渲染器渲染出来的结果相比，iray 渲染器的前几次迭代渲染看上去颗粒更多一些。颗粒越不明显，渲染的次数就越多。iray 渲染器特别擅长渲染反射，包括光泽反射，它也擅长渲染在其他渲染器中无法精确渲染的自发光对象和图形。

iray 渲染器擅长处理自身照明材质。实际上，可以不采用灯光，仅用自身照明材质来渲染场景。

如果要单独使用自发光材质渲染场景，请为场景添加一个灯光对象，然后关闭灯光（如果场景中没有灯光对象，3ds Max 会为视口明暗处理和渲染添加默认灯光）。

在室内场景和许多建筑外的场景中，通常将 3ds Max 灯光对象与灯光设备几何体组合，为照明仪器本身建模。光源辅助对象是一个很好的示例，将自发光材质指定给照明仪器的灯光，或者指定给覆盖灯光的透视表面。

当灯光对象实际上不进行灯光投射时，可使用其他渲染器，自发光表面将仅显示光晕。但是，因为iray渲染器使用自发光作为真实照明，自发光材质与灯光对象一同生成照明，效果是"双照明"，自发光的区域越大，效果越明显。

产生此效果的原因就是光线追踪渲染器（如iray渲染器）无法区分光线类型：灯光光线、反射光线和阴影光线，所有这些类型的处理方式都相同。

1.7.2.1 iray卷展栏

包含"iray"渲染器的主要选项，可以指定如何控制渲染过程，如图1-174所示。

1.7.2.2 高级参数卷展栏

"高级参数"卷展栏包含"iray"渲染器更具体的选项，可以更准确地设置跟踪/反弹限制、图像过滤（抗锯齿）、置换（全局设置）等，如图1-175所示。

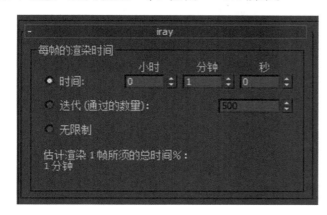

图1-174 设置iray卷展栏

图1-175 设置高级参数卷展栏

1.7.2.3 硬件资源卷展栏

硬件资源卷展栏里显示了系统对于图形硬件的支持信息，可以设置用于当前渲染模式的CPU数与GPU设备，如图1-176所示。

1.7.2.4 运动模糊卷展栏

用于在"iray"渲染时将运动模糊运用于对象，如图1-177所示。

图1-176 设置硬件资源卷展栏

图1-177 设置运动模糊卷展栏

1.7.3　mental ray 渲染器

在"指定渲染器"卷展栏中可以指定"mental ray"渲染器,如图 1-178 所示。选择渲染产品级的按钮
■■,在弹出的选择渲染器对话框中指定选择"mental ray"渲染器,如图 1-179 所示。

图 1-178　指定"mental ray"渲染器

图 1-179　选择"mental ray"渲染器

"mental ray"渲染器室一种通用的渲染器,它可以生成灯光效果的物理校正模拟,包括光线跟踪反射和
折射、焦散以及全局照明。

与默认 3ds Max 扫描渲染器相比,"mental ray"渲染器可以不用"手工"或者通过生成光能传递解决方
案来模拟复杂的照明效果。"mental ray"渲染器为使用多处理器进行了优化,并为动画的高效渲染而利用增
量变化。

与从图像顶部向下渲染扫描线的默认 3ds Max 渲染器不同,"mental ray"渲染器称作渲染块的矩形
块。渲染的渲染块顺序可能会改变,具体情况取决于所选择的方法。默认情况下,"mental ray"渲染器使
用"希尔伯特"方法,该方法基于切换到下一个渲染块的花费来选择下一个渲染块进行渲染。对象可以从
内存中丢弃已渲染的其他对象,因此避免多次重新加载相同的对象很重要。当启动占位符对象时,这一点
十分关键。

如果使用分布式渲染来渲染场景,那么可能很难理解渲染顺序背后的逻辑。在这种情况下,顺序会被优
化,以避免在网络上发出大量数据。当渲染块可用时,每个 CPU 会被指定给一个渲染块,因此渲染图像中
不同的渲染块会在不同的时间出现,详情参见"渲染器"面板"采样质量"卷展栏。

1.7.3.1　全局调试参数卷展栏

"全局调试参数"卷展栏可以对渲染效果的软阴影、光泽反射、光泽折射进行高级控制,利用这些设置
可以调整整个场景的渲染质量。设置效果参数越大,则需要的渲染时间便会越长,如图 1-180 所示。

图 1-180　设置"全局调试参数"

1.7.3.2　采样质量卷展栏

"采样质量"的选项可以影响"mental ray"渲染器如何执行采样，为每一次渲染提供最有可能的颜色，如图 1-181 所示。

（1）每像素采样：用于进行抗锯齿操作的最小和最大采样率的渲染输出，如图 1-182 所示。

（2）过滤器：用于提供过滤器类型，确定如何将多个采样合并成一个单个的像素值，可以设置为长方体、高斯、三角形、Mitchell 或 Lanczos 过滤器，如图 1-183 所示。

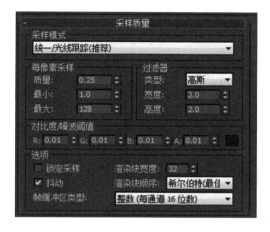　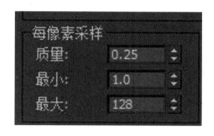　

图 1-181　设置"采样质量"　　　　图 1-182　设置"每像素采样"　　　　图 1-183　设置"过滤器"

（3）空间对比组：用于设置对比度值作为控制采样的阈值，应用于每一个静态图像，如图 1-184 所示。

（4）选项：用于进行锁定采样、抖动、渲染块的设置，如图 1-185 所示。

图 1-184　空间对比组　　　　　　　　　图 1-185　设置"选项"

1.7.3.3　渲染算法卷展栏

"渲染算法"卷展栏上的选项可以用于选择光线跟踪或扫描线渲染进行场景渲染，或者选择用来加速光线跟踪的方法，跟踪"最大跟踪深度"选项限制每条光线被反射、折射或两者方式处理的次数，如图 1-186 所示。

1.7.3.4　摄影机效果卷展栏

用于控制摄影机的效果，可以设置景深和运动模糊、轮廓着色、添加摄影机明暗器，如图 1-187 所示。

1.7.3.5　阴影与置换卷展栏

用于控制影响光线跟踪生成阴影和位移着色与标准材质的位移贴图置换，如图 1-188 所示。

1.7.3.6　焦散和全局照明卷展栏

焦散和全局照明卷展栏，如图 1-189 所示。用于控制其他对象反射或者折射之后投射在对象上所产生的焦散效果和全局照明，如图 1-190 所示。

图 1-186　设置"渲染算法"

图 1-187　设置"摄影机效果"

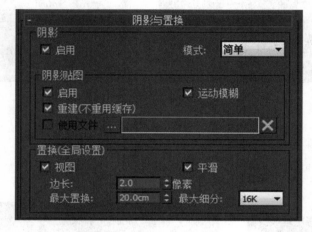

图 1-188　设置"阴影与置换"

图 1-189　焦散和全局照明卷展栏

图 1-190　设置"焦散和全局照明"

1.7.3.7　最终聚集卷展栏

用于模拟指定点的全局照明，默认设置为禁闭状态。如果未使用最终聚集，则全局照明将显得不协调，但会增加渲染时间，如图 1-191 所示。

1.7.3.8　重用卷展栏

用于生成和使用最终聚集贴图和光子贴图文件的控件，而且通过在最终聚集贴图文件之间的插值，可以减少或者消除渲染动画的闪烁，如图 1-192 所示。

图 1-191　设置"最终聚集"

图 1-192　设置"重用"

1.7.3.9　转换器选项卷展栏

用于控制将影响"mental ray"渲染器的常规操作，也可以控制 mental ray 转换器保存在".mi"文件里，如图 1-193 所示。

1.7.3.10　诊断卷展栏

"诊断"卷展栏上的工具有助于了解"mental ray"渲染器以某种方式工作的原因，尤其是采样率工具有助于解释渲染器的性能。工具组中的每一个工具都可以生成一个渲染器，该渲染器不是照片级别真实感的图像，而是选择要进行分析功能的图解表示，如图 1-194 所示。

图 1-193　设置"转换器选项"

图 1-194　设置"诊断"

1.7.3.11 分布式块状渲染卷展栏

"分布式块状"卷展栏用于设置和管理分布式渲染块渲染。采用分布式渲染后，在渲染的同时也可以运行其他系统，如图 1-195 所示。

1.7.3.12 对象属性

在选择的对象上单击鼠标右键，在弹出的菜单选项栏中选择"属性"项目，即可以弹出"mental ray"面板，控制参数来调整焦散的发出和接受、全局光的发出和接受，如图 1-196 所示。

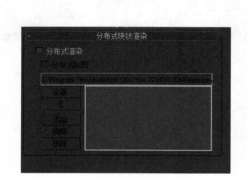

图 1-195　设置"分布式块状渲染"　　　　图 1-196　设置"对象属性"

1.7.4　VR 渲染器

在"指定渲染器"卷展栏中可以指定 VR 渲染器，如图 1-197 所示。选择渲染产品级的按钮▨，在弹出的选择渲染器对话框中指定选择 VR 渲染器，如图 1-198 所示。

图 1-197　指定 VR 渲染器　　　　图 1-198　选择 VR 渲染器

V-Ray 渲染器是由 chaosgroup 和 asgvis 公司出品，由曼恒公司负责推广的一款高质量渲染软件。V-Ray 是目前业界最受欢迎的渲染引擎。基于 V-Ray 内核开发的有 V-Ray for 3ds Max、maya、sketchup、rhino 等诸多版本，为不同领域的优秀 3d 建模软件提供了高质量的图片和动画渲染，方便使用者渲染各种图片。

V-Ray 渲染器提供了一种特殊的材质——vraymtl。在场景中使用该材质能够获得更加准确的物理照明（光能分布）和更快的渲染，反射和折射参数调节更加方便。使用 vraymtl，你可以应用不同的纹理贴图，控制其反射和折射，增加凹凸贴图和置换贴图，强制直接全局照明计算，选择用于材质的 brdf。

目前世界上出色的渲染器为数不多，如 chaos software 公司的 V-Ray，splutterfish 公司的 brazil，cebas 公司的 finalrender，autodesk 公司的 lightscape，还有运行在 maya 上的 renderman 等。这几款渲染器各有所长，但 V-Ray 的灵活性、易用性更常见，并且 V-Ray 还有焦散之王的美誉。V-Ray 还包括了其他增强性能的特性，包括真实的 3d motion blur（三维运动模糊）、micro triangle displacement（级细三角面置换）、gaustic（焦散）、通过 V-Ray 材质的调节完成 sub-surface scattering（次表面散射）的 sss 效果以及 network distributed rendering（网络分布式渲染）等。V-Ray 特点是渲染速度快（比 finalrender 的渲染速度平均快百分之二十），目前很多制作公司使用它来制作建筑动画和效果图，就是看中了其速度快的优点。V-Ray 渲染器有 Basic Package 和 Advanced Package 两种包装形式。Basic Package 具有优秀的功能和较低的价格，适合学生和业余艺术家使用；Advanced Package 包含有几种特殊功能，适用于专业人员。目前市场上有很多针对 3ds Max 的第三方渲染器插件，V-Ray 就是其中比较出色的一款，主要用于渲染一些特殊的效果，如次表面散射、光迹追踪、焦散、全局照明灯。V-Ray 是一种结合了光线跟踪和光能传递的渲染器，其真实的光线计算创建出专业的照明效果，可用于建筑设计、教学等多个领域。

1.7.4.1　授权卷展栏

用于显示注册信息、计算机名称、地址等信息内容，在其中还可以设置网络渲染的支撑服务和授权文件路径位置，如图 1-199 所示。

1.7.4.2　关于 V-Ray 卷展栏

用于查看 V-Ray 的 logo、公司、网址和版本信息内容，没有实际的操作和具体作用，如图 1-200 所示。

图 1-199　"授权"

图 1-200　关于 V-Ray 卷展栏

1.7.4.3　帧缓存区卷展栏

用于设置使用 V-Ray 自身的图像帧序列窗口、设置输出尺寸并包含对图像文件进行储存等，如图 1-201 所示。

（1）渲染到内存帧缓存区：勾选该选项后即可创建 V-Ray 的帧缓存，并使用它来存储颜色数据以便在渲染时或渲染后观察，如图 1-202 所示。

图 1-201　帧缓存区卷展栏

图 1-202　渲染到内存帧缓存区

（2）输出分辨率：取消勾选"获取分辨率"即可激活此选项，可以根据需要设置 V-Ray 渲染器使用的分辨率，如图 1-203 所示。

图 1-203　激活"输出分辨率"

（3）显示最后的虚拟帧缓存区：用于显示上次渲染的 vfb 窗口。

2

第2章 实战项目——笔记本的制作

笔记本范例制作主要运用了几何体组合与"编辑多边形"修改命令对标准的几何体进行改动以及调节。在笔记本制作过程中，应该重点掌握对物体整体比例和造型的塑造方法，仔细观察结构，注意笔记本外壳切角的圆滑度及光滑组的问题。模型需要尽量做到规整、布线整齐。范例效果如图2-1、图2-2所示。

笔记本电脑范例的制作流程分为四个部分：①笔记本电脑外壳的制作，如图2-3所示；②笔记本电脑键盘的制作，如图2-4所示；③笔记本电脑底座的制作，如图2-5所示；④笔记本电脑接口的制作，如图2-6所示。

图2-1 笔记本范例效果（1）

图2-2 笔记本范例效果（2）

图 2-3 笔记本电脑外壳

图 2-4 笔记本电脑键盘

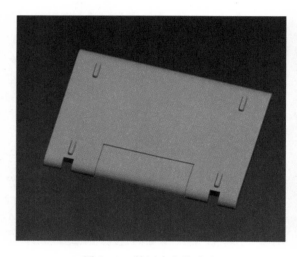

图 2-5 笔记本电脑底座

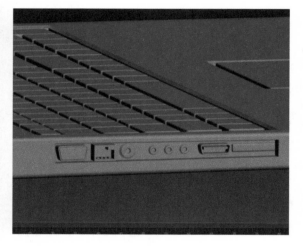

图 2-6 笔记本电脑接口

2.1 笔记本电脑外壳的制作

（1）在 ▣ 的创建面板 ▣ 几何体中选择"标准基本体" ▣ 标准基本体 ▣ 的"长方体"命令，并勾选"自动栅格"命令，如图 2-7 所示；在视图中建立长方体，如图 2-8 所示。然后切换至"修改面板" ▣ ，将长方体的参数值设置长度为 2.0cm、宽度为 35.0cm、高度为 25.0cm（图 2-9），效果如图 2-10 所示。

（2）点击长方体后右击鼠标，选择"转换为"—"转换为可编辑多边形"，如图 2-11 所示。

（3）在"修改面板"中的"可编辑多边形"中选择"面"命令，或者使用快捷键"4"，如图 2-12 所示。选择长方体上底面，如图 2-13 所示。用快捷键"E"切换至缩放功能或者点击"面板"中的"缩放按钮"（图 2-14），将长方体上底面顺着 Y 轴挤压至适当宽度，如图 2-15 所示。

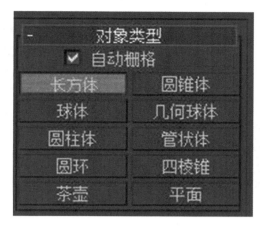

图 2-7　选择"长方体"命令

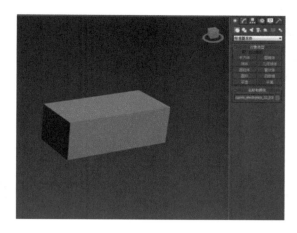

图 2-8　在视图中建立"长方体"

图 2-9　设置长方体的长宽高

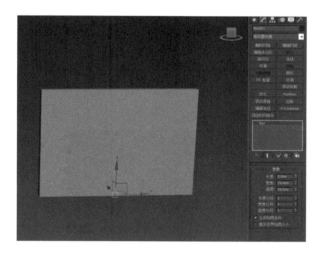

图 2-10　长方体效果图

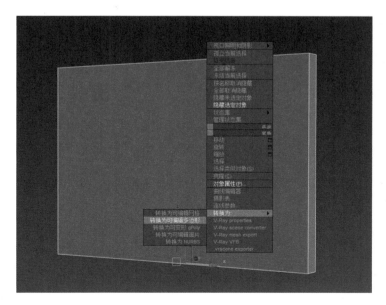

图 2-11　选择"转换为可编辑多边形"

图 2-12　选择"面"命令

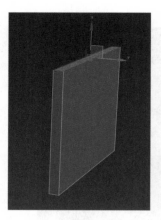

图 2-13　选择长方体上底面

图 2-14　缩放

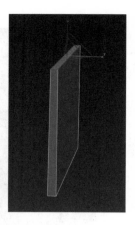

图 2-15　挤压 Y 轴

（4）在"修改面板"里的"可编辑多边形"中选择"线"命令，或者使用快捷键"3"，如图 2-16 所示。选择长方体的两条边，如图 2-17 所示。点击鼠标右键选择"切角"或者在"命令面板"中找到并选择"切角"，如图 2-18 所示。将切角参数设置为距离 2.5cm、边数为 4（图 2-19），效果如图 2-20 所示。

图 2-16　选择"线"命令

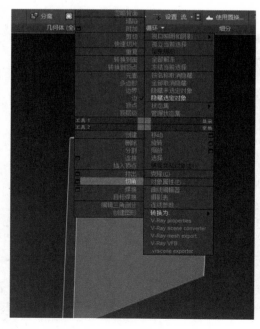

图 2-17　选择长方体的两条边

图 2-18　选择"切角"

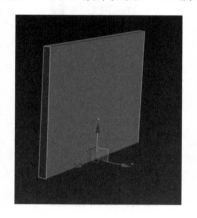

图 2-19　设置切角参数

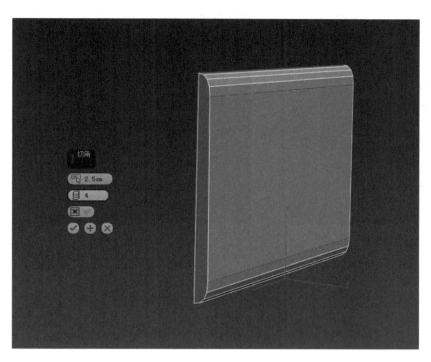

图 2-20 设置切角参数后的效果

（5）点击物体按住"Shift"键的同时沿着 X 轴拖动，复制多边体，如图 2-21 所示。使用快捷键"E"切换至"旋转模式"，如图 2-22 所示；或者在"面板"中选择"旋转工具"，如图 2-23 所示。点击鼠标右键，即弹出角度"栅格和捕捉设置"，将角度设置为 45°（图 2-24），然后用"旋转工具"调整电脑底座外壳基本体的位置，效果如图 2-25 所示。

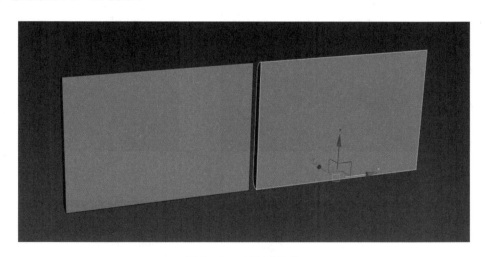

图 2-21 复制多边体

图 2-22 使用"旋转模式"   图 2-23 选择"旋转工具"

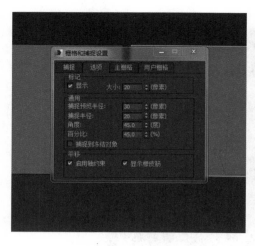

图 2-24　设置角度

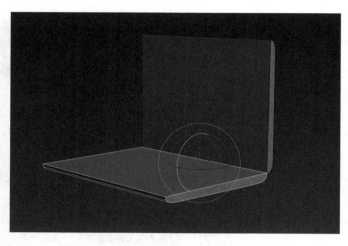

图 2-25　调整电脑底座外壳基本体

（6）为了使模型某些地方看起来更加圆润，需要添加一些细节。点击笔记本电脑外壳的下半部分，对它进行完善。然后点击孤立按钮或者使用快捷键"Alt＋Q"使物体单个呈现，选择"孤立"—"边"命令（图2-26）—"切角"，将切角参数设置为0.4cm、3并点击"确定"（图2-27）。选择"边"—"切角"，将切角参数设置为0.3cm、3并点击确定（图2-28）。选择"边"命令—"切角"，将切角参数设置为0.2cm、3并点击确定（图2-29）。

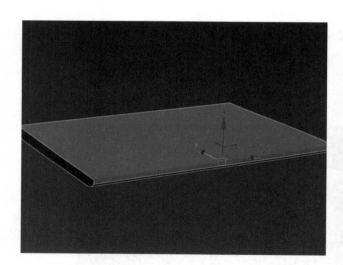

图 2-26　选择"孤立"—"边"命令

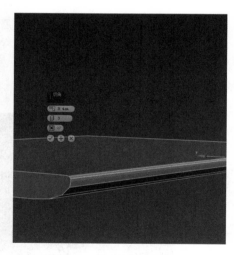

图 2-27　设置切角参数（1）

图 2-28　设置切角参数（2）

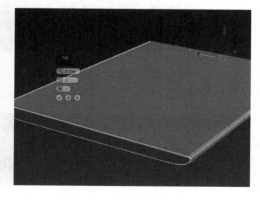

图 2-29　设置切角参数（3）

（7）使用快捷键"1"或者在修改面板里选择切换至"点"模式。在3D建模中的模型不能出现超过四边的多边面，所以这种情况需要将点连接起来组成四边面。单击快捷键"Shift"加选。同时按下快捷键"Ctrl＋Shift＋E"键使点之间用线连接起来，或者在"面板"中找到"切割"将点用线连接起来，如图2－30所示。多边体的右侧也如上述操作，效果如图2－31所示。

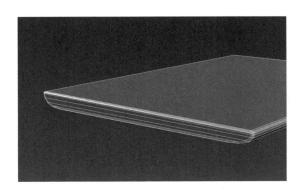

图2－30　将点用线连接起来（1）

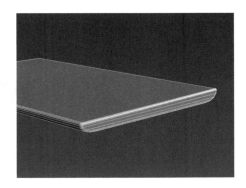

图2－31　将点用线连接起来（2）

（8）使用快捷键"F4"观察多边体，发现模型很多的地方仍有棱角，如图2－32所示。这时就可以用"光滑组"来调整：选择"面"命令，将需要修改圆润的面选中（图2－33），再在修改面板中找到"多边形"的"平滑组选区"，将"自动平滑参数"设置为45°（图2－34）后，选择"自动平滑"。其他不平滑处需用同样的方法进行处理，最后效果如图2－35所示。

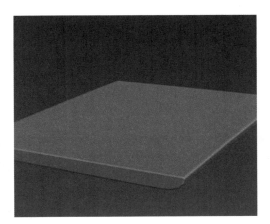

图2－32　观察多边体

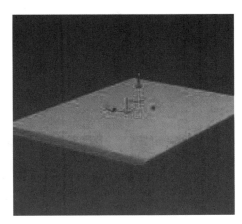

图2－33　选中需要修改圆润的面

图2－34　设置"自动平滑参数"

图2－35　进行自动平滑处理后的效果

（9）取消"孤立"，将完善后的下半部分复制并替换上半部分模型。在这一步操作中可以使用对齐工具来替换物体。按住"Shift"快捷键同时用鼠标拖动物体进行复制，如图 2-36 所示。这时如物体的轴不在中心，就会导致对齐失败，打开"层次"面板，在"调整轴"中选择"仅影响轴"，在"对齐"中选择"居中到对象"（图 2-37），这时轴归位到中心位置了，效果如图 2-38 所示。选择"对齐"或者使用快捷键"Alt＋A"点击要对齐的物体。此时会弹出对齐窗口，勾选对齐位置"X、Y、Z 轴"，勾选"轴心对轴心"，对齐方向 X 轴，点击"确定"，如图 2-39 所示。再切换至"旋转"模式，顺着 X 轴旋转 90°后，删除前一个物体，效果如图 2-40 所示。

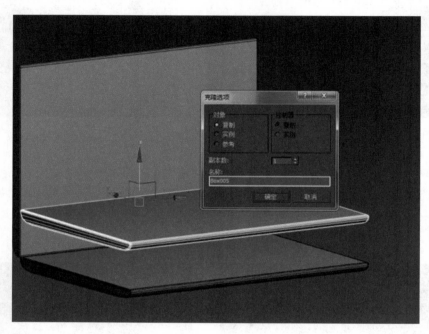

图 2-36　克隆选项

图 2-37　调整轴对齐

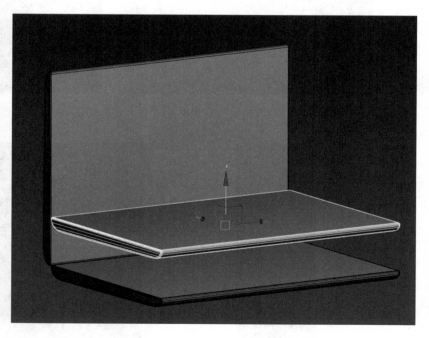

图 2-38　轴归位到中心位置后的效果

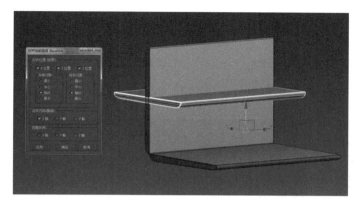
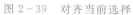

图 2-39　对齐当前选择

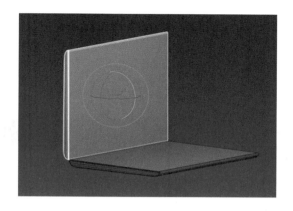

图 2-40　调整后效果

（10）制作电脑屏幕部分。点击电脑上半部分，同时按下快捷键"Alt＋Q"使物体单个呈现，如图 2-41所示。选择"面"命令中的"物体正面"，点击鼠标右键选择"插入"命令（图 2-42），或者在命令面板中选择"插入"命令（图 2-43）。将插入"面"的参数设置为 1.0cm 后，点击"确定"，效果如图 2-44 所示。

图 2-41　呈现单个物体

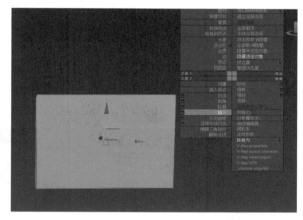

图 2-42　选择"插入"命令（1）

图 2-43　选择"插入"命令（2）

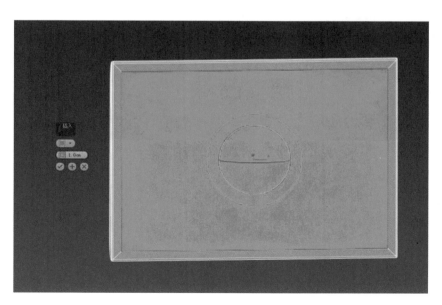

图 2-44　调整参数后的效果

（11）选择"线"命令，笔记本屏幕左右留白宽度相对上下窄一些，因此需要将长方形边进行调整（图2-45）。选择"面"命令，选择长方体的面，单击鼠标右键选择"挤出"命令或者在命令面板中选择"挤出"命令（图2-46）。将"挤出"的参数设置为−0.6cm（图2-47），呈现出笔记本屏幕与外壳接缝及凹陷的结构，效果如图2-48所示。

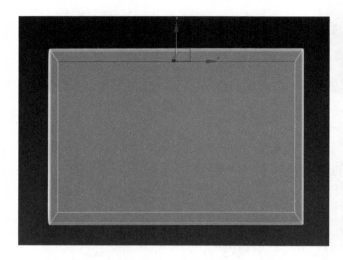

图2-45　调整长方形边

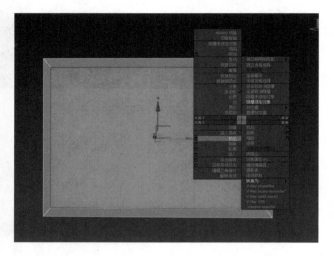

图2-46　选择"挤出"命令

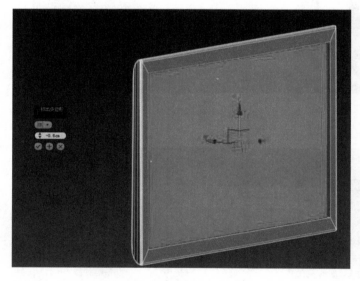

图2-47　设置"挤出"参数

图2-48　设置后的效果

（12）为了使模型看起来更加圆润，需要调整一些细节。选择"线"命令，双击边即可环选（图2-49）；或者点击一条边后在"修改面板"（图2-50）中选择"循环"即可。单击鼠标右键"切角"命令，将切角参数值设置为距离0.4cm、边数3，点击"确定"，如图2-51所示。使用快捷键"F4"切换"视图边面效果"或者在"视图面板"中选择"切换"（图2-52）来观察效果（图2-53）。

（13）使用快捷键"F4"观察多边体，发现模型部分地方仍有棱角（图2-54），需要进行以下操作：选择"面"命令，将需要圆润的面选中（图2-55），在修改面板中找到"多边形：平滑组"选区，将自动平滑参数设置为45°后，选择"自动平滑"（图2-56），观察如图2-57所示的效果。整体效果如图2-58所示。

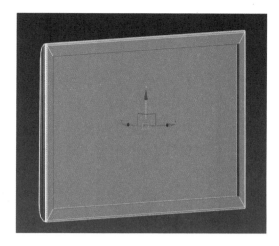

图 2-49　环选

图 2-50　选择"循环"

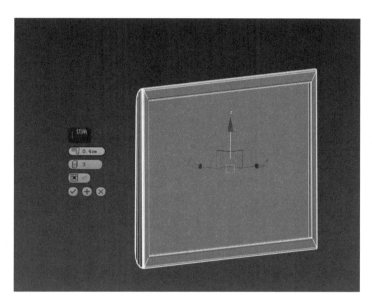

图 2-51　设置切角参数

图 2-52　切换"视图边面效果"

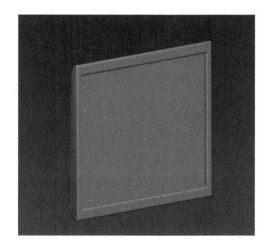

图 2-53　切换后的效果

图 2-54 观察多边体

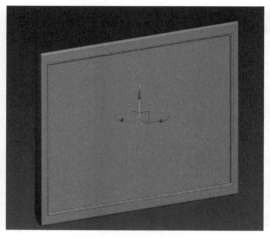

图 2-55 选中需要圆润的面

图 2-56 设置"自动
平滑参数"

图 2-57 选择"自动平滑"后的效果

图 2-58 整体效果

（14）接着制作笔记本电脑上下部分的连接轴。选择笔记本电脑下半部分"孤立"。切换至"线"模式，选择边，如图 2-59 所示。在修改面板中选择"环形"环选边，如图 2-60 所示。再选择"连接"创建一个中心线，如图 2-61 所示。点击"线"—"环形"（图 2-62）—"连接"，将"连接"参数设置为：边数 2，边数之间距离—56，连接边在线上的距离—254，点击"确定"，如图 2-63 所示。再次点击"线"—"环形"（图 2-64）—"连接"，将"连接"参数设置为：边数 1，边数之间距离 0，连接边在线上的距离 87，点击"确定"，如图2-65 所示。

图 2-59 选择边

图 2-60　选择"环形"环选边

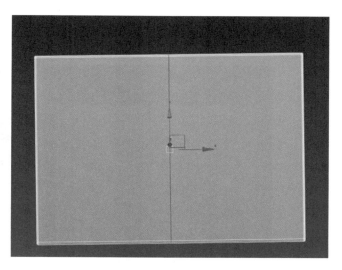

图 2-61　创建一个中心线

图 2-62　环形（1）

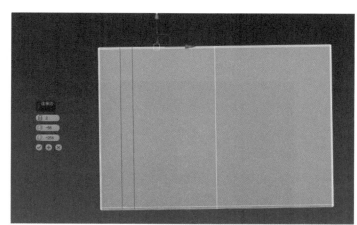

图 2-63　设置"连接"参数（1）

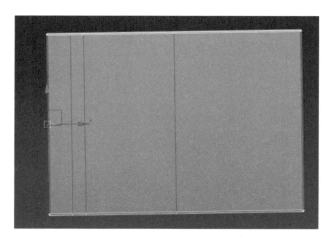

图 2-64　环形（2）

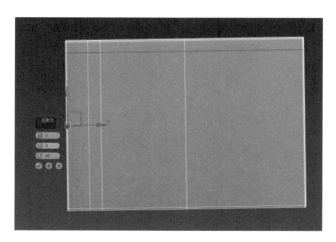

图 2-65　设置"连接"参数（2）

（15）将视图切换至"下"，如图 2-66 所示。

（16）切换"线"选择边—"循环"—"连接"，将"连接"参数设置为 1、0、0，点击"确定"，如图 2-67 所示。

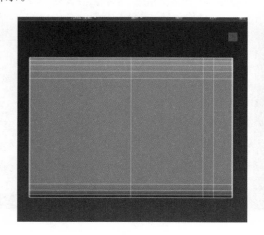
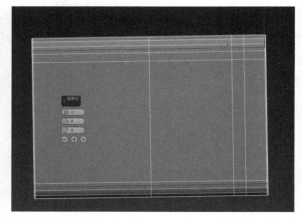

图 2-66 将视图切换至"下"　　　　　　　　　图 2-67 设置"连接"参数（3）

（17）切换"面"，选择需要更改的面，如图 2-68、图 2-69 所示。继续制作出笔记本电脑上下两部分连接接口。选择面后删除（图 2-70），可以看到模型出现了破口，切换"线"选择边，如图 2-71 所示。打开"修改面板"选择"桥"（图 2-72），可以看见此命令使两条边用面的形式桥接起来了，如图 2-73 所示。

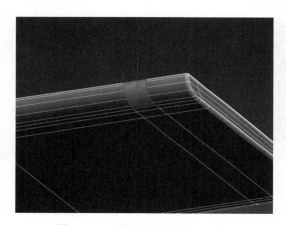
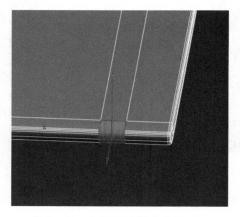

图 2-68 选择需要更改的面（1）　　　　　　　图 2-69 选择需要更改的面（2）

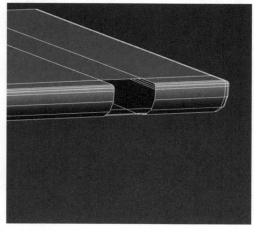
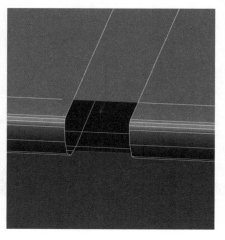

图 2-70 选择面后删除　　　　　　　　　　　图 2-71 选择边

图 2-72　选择桥

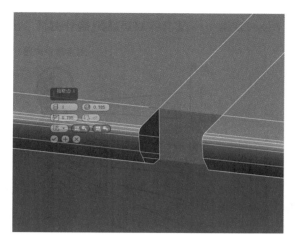

图 2-73　两条边用面的形式桥接起来

（18）继续观察模型，发现仍有破口，如图 2-74 所示。使用快捷键"3"或者在"面板"里选择"边"命令（图 2-75），选择模型需要封闭的边，如图 2-76、图 2-77 所示。

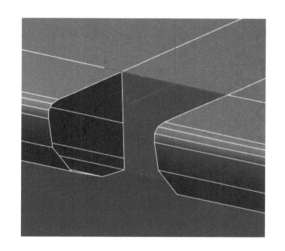

图 2-74　继续观察模型

图 2-75　选择"边"命令

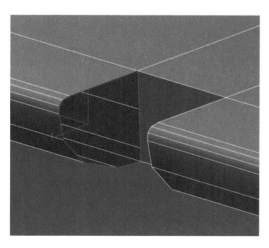

图 2-76　选择模型需要封闭的边（1）

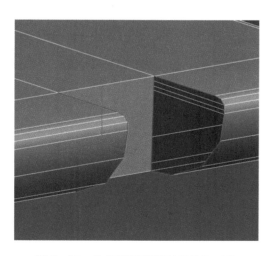

图 2-77　选择模型需要封闭的边（2）

（19）在面板里选择"补洞"使破口边封闭（图 2-78），打开"面板"中的"补洞"命令（图 2-79），对其进行塌陷才能完成"补洞"。单击鼠标右键"补洞"命令选择"塌陷全部"，或者再次转换"可编辑多边形"完成"补洞"（图 2-80）。

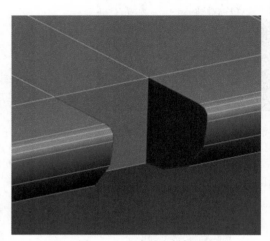

图 2-78　破口边封闭

图 2-79　打开"补洞"命令

图 2-80　切换"可编辑多边形"
完成"补洞"

（20）切换"点"连接四边形面，如图 2-81、图 2-82 所示。

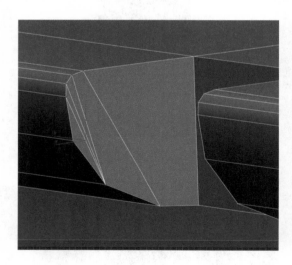

图 2-81　连接四边形面（1）

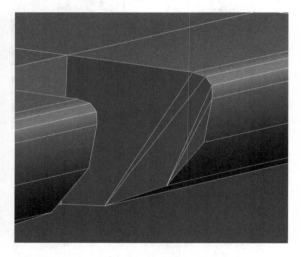

图 2-82　连接四边形面（2）

（21）制作好模型的左半部分，效果如图 2-83 所示。由于模型是对称的，此时可以用"对称"来复制左半部分。切换"面"，选择右半部分所有的面（图 2-84），删除（图 2-85）。在面板中选择"对称"（图 2-86），勾选参数设置中的"镜像轴"的 X 轴的"塌陷全部"，如图 2-87 所示。

（22）接下来制作笔记本上下部分接口的零件。切换至"创建"面板 ，选择建立长方体，勾选"自动栅格"。在相应位置建立长方体，在"修改面板"中将参数设置为：长度 0.9cm、宽度 1.8cm、高度 1.8cm，如图 2-88 所示。选择"孤立"—转换"可编辑多边形"（图 2-89）—切换"线"并选择线—选择"切角"，将切角参数设置为：距离 0.4cm、边数 4，如图 2-90 所示。选中物体切换至"旋转"模式，打开"角度捕捉"，将角度设置为 15°，如图 2-91 所示。顺着 X 轴旋转 15°，效果如图 2-92 所示。

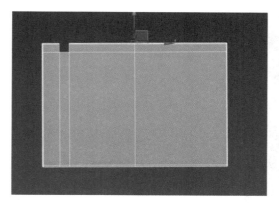

图 2-83　制作好模型的左半部分

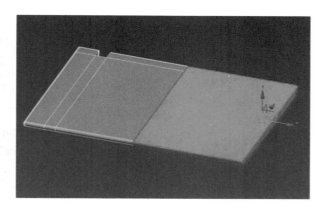

图 2-84　选择右半部分所有的面

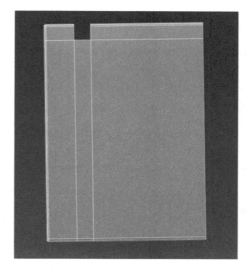

图 2-85　删除

图 2-86　选择"对称"

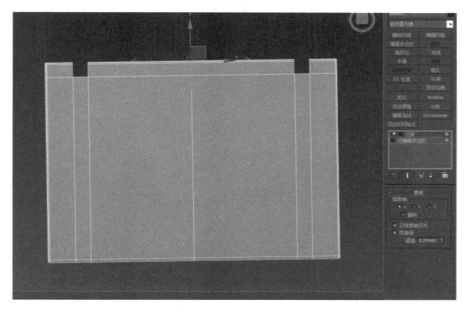

图 2-87　勾连"塌陷全部"

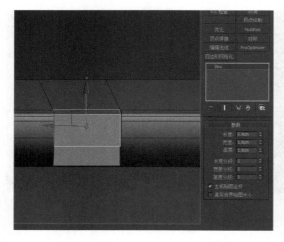

图 2-88　设置参数

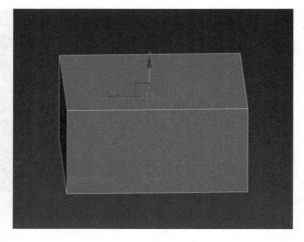

图 2-89　转换"可编辑多边形"

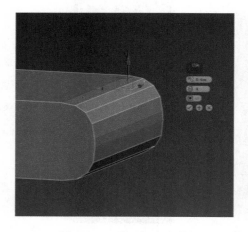

图 2-90　设置切角参数

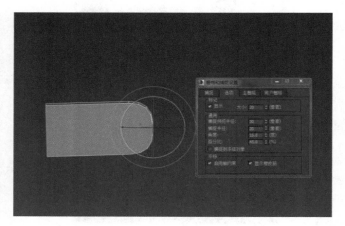

图 2-91　设置角度

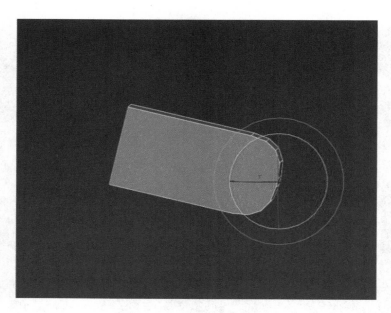

图 2-92　旋转 15°后的效果

（23）切换至"点"模式，使物体上下的点在同一水平线上。加选点（图 2-93），使用快捷键"R"切换至"缩放"模式（图 2-94）；或者在"面板"中选中"缩放"（图 2-95）。将点顺着 Y 轴缩放，即可看见上下的点保持在了同一水平线上，如图 2-96 所示。

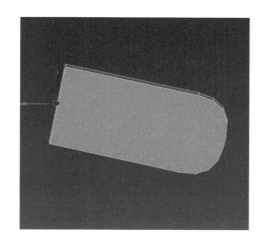

图 2-93 加选点

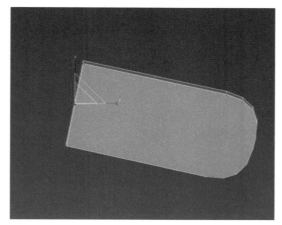

图 2-94 切换至"缩放"模式

图 2-95 在"面板"中选中"缩放"

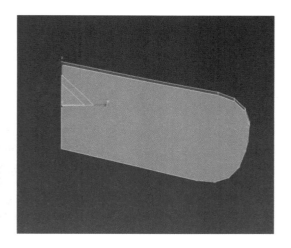

图 2-96 缩放后的效果

（24）切换至"线"模式，选中需要编辑的线（图 2-97）—"切角"，将切角参数设置为 0.05cm、3，点击"确定"，如图 2-98 所示。

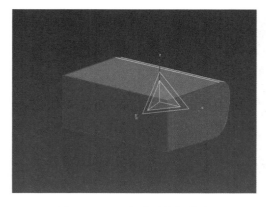

图 2-97 选中需要编辑的线

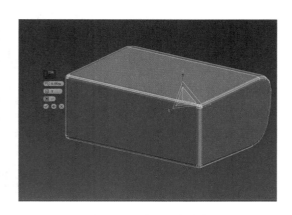

图 2-98 设置切角参数

（25）切换至"点"模式，连接点使多边面成为四边面，如图2-99、图2-100所示。

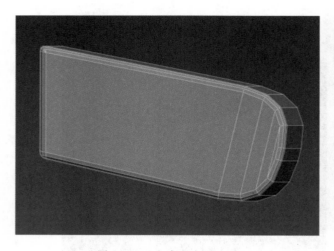

图2-99 生成四边面（1）

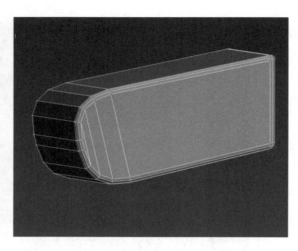

图2-100 生成四边面（2）

（26）使用快捷键"F4"观察物体，发现有需要光滑的面，如图2-101所示。切换至"面"模式，选中需要编辑的面（图2-102）。点击"自动平滑"，效果如图2-103所示。

图2-101 观察物体

图2-102 选中需要编辑的面

图2-103 "自动平滑"后的效果

（27）取消"孤立"（图2-104），选中笔记本接口零件（图2-105）。按"Shift"键的同时鼠标拖动复制，调整坐标，如图2-106所示。

图2-104 取消"孤立"

图2-105 选中接口零件

图2-106 调整坐标

（28）笔记本外壳已经基本完成，下一步需要完善笔记本外壳的小细节，比如摄像头等。创建"圆柱体"，勾选"自动栅格"创建物体。将圆柱体参数设置为：半径 0.5cm、高度 0.2cm、高度分段 1、端面分段 1、边数 16。切换至"可编辑多边形"（图 2-107），由于摄像头处于屏幕留白处的中心位置，可使用"对齐"将摄像头与屏幕对齐轴心（图 2-108），再调整上下位置（图 2-109）。

图 2-107　切换至"可编辑多边形"

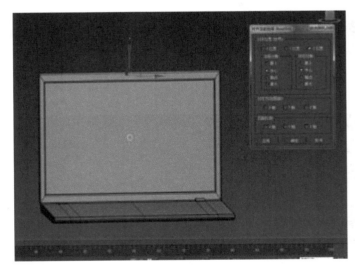

图 2-108　对齐轴心

图 2-109　调整上下位置

（29）"孤立"制作摄像头细节部分，如图 2-110 所示。切换至"面"模式，"插入"参数设置为 0.1cm，点击"确定"（图 2-111），"挤出"参数设置为 -0.1cm，点击"确定"（图 2-112），"插入"参数设置为 0.01cm，点击"确定"（图 2-113），"挤出"参数设置为 0.08cm，点击"确定"（图 2-114），效果如图 2-115 所示。

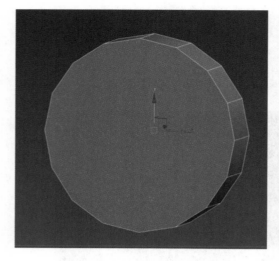

图 2-110　孤立制作细节部分

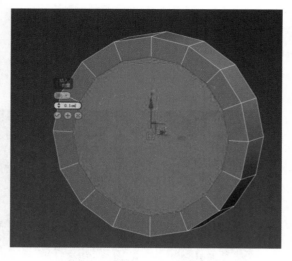

图 2-111　设置"插入"参数（1）

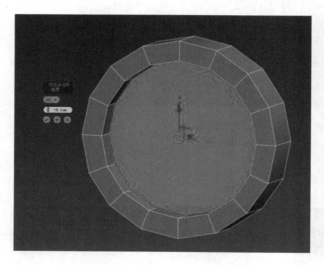

图 2-112　设置"挤出"参数（1）

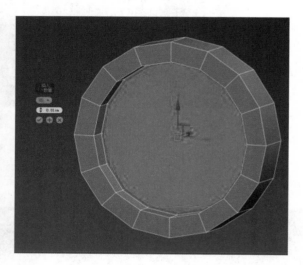

图 2-113　设置"插入"参数（2）

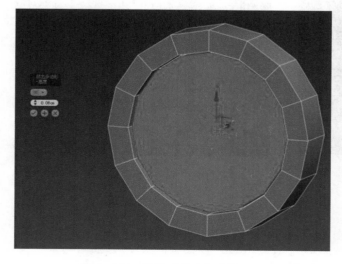

图 2-114　设置"挤出"参数（2）

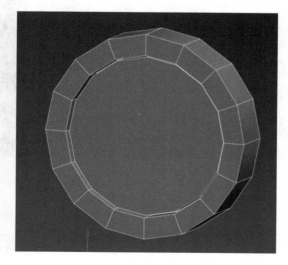

图 2-115　设置后的效果

（30）切换至"线"，选中需要切角的边（图 2-116），将"切角"参数设置为 0.02cm、3，点击"确定"，如图 2-117 所示。

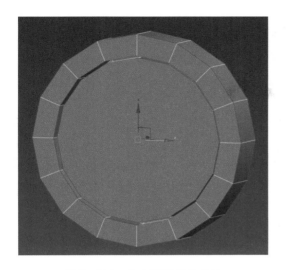

图 2-116　选中需要切角的边

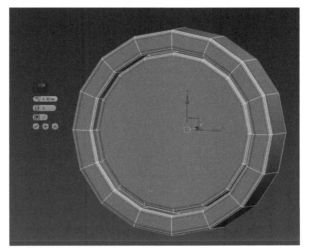

图 2-117　设置"切角"参数

（31）需要对多边面进行处理。切换至"面"，选中多边面（图 2-118），"插入"，点击"确定"（图 2-119），同时按下快捷键"Ctrl＋Alt＋C"进行焊接，如图 2-120 所示。另外一面同上述操作，如图 2-121所示。

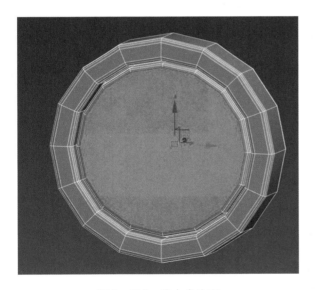

图 2-118　选中多边面

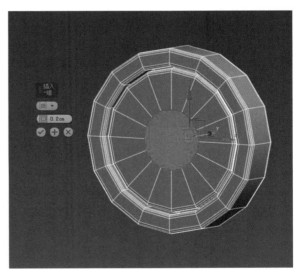

图 2-119　设置"插入"参数

（32）观察物体（图 2-122），切换至"面"，选中需要平滑的面（图 2-123），选择"自动平滑"，如图 2-124 所示。

（33）创建"圆柱体"，勾选"自动栅格"创建物体。将圆柱体参数设置为：半径 0.4cm、高度 0.2cm、高度分段 1、端面分段 1、边数 16。切换至"可编辑多边形"（图 2-125），"孤立"对象（图 2-126）。切换至"线"（图 2-127），将"切角"参数设置为 0.025cm、3，点击"确定"（图 2-128）。切换至"面"（图 2-129、图 2-130），将"插入"参数设置为 0.2cm，点击"确定"（图 2-131），"Ctrl＋Alt＋C"焊接面（图 2-132）。切换至"面"，选中需要平滑的面（图 2-133），选择"自动平滑"（图 2-134）。

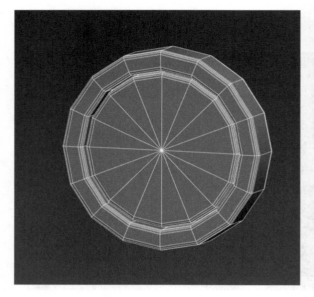

图 2-120 焊接

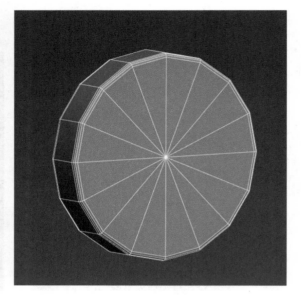

图 2-121 另外一面操作后的效果

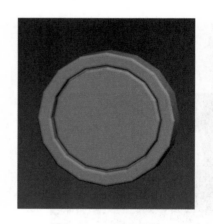

图 2-122 观察物体

图 2-123 选中需要平滑的面

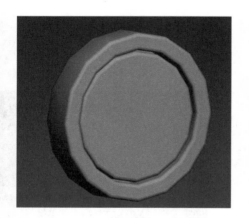

图 2-124 "自动平滑"后的效果

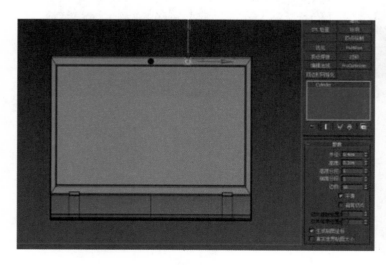

图 2-125 切换至"可编辑多边形"

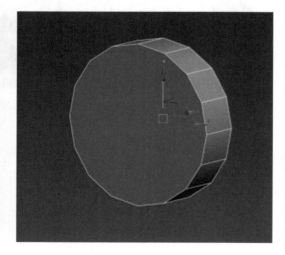

图 2-126 "孤立"对象

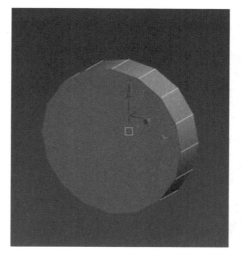

图 2－127　切换至"线"

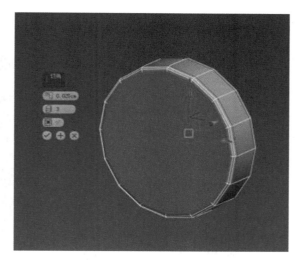

图 2－128　设置"切角"参数

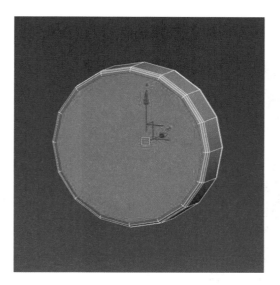

图 2－129　切换至"面"（1）

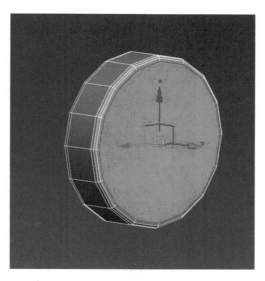

图 2－130　切换至"面"（2）

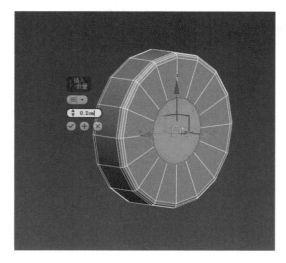

图 2－131　设置"插入"参数

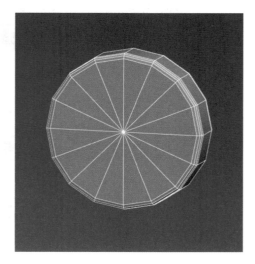

图 2－132　焊接面

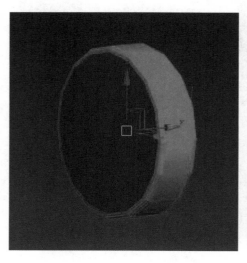

图 2-133　选中需要平滑的面

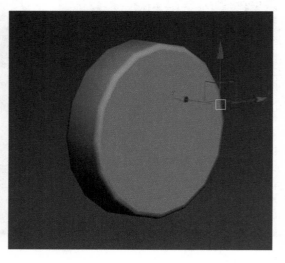

图 2-134　"自动平滑"后的效果

（34）取消"孤立"，按住"Shift"并鼠标拖动复制物体，如图 2-135 所示。

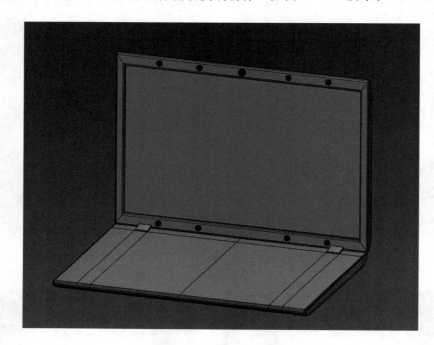

图 2-135　调整后的效果

2.2　笔记本电脑键盘的制作

　　（1）选择笔记本电脑的下半部分"孤立"（图 2-136），切换至"线"（图 2-137），将"连接"参数值设置为 2、30、22，点击"确定"（图 2-138）。切换至"线"，将"连接"参数值设置为 1、0、-45，点击"确定"（图 2-139）。将"连接"参数值设置为 1、0、-45，点击"确定"（图 2-140）。将"连接"参数值设置为 2、62、6，点击"确定"（图 2-141），选中边"连接"，将其参数值设置为 2、2、2，点击"确定"（图 2-142）。至此已经确定了笔记本键盘的大概位置。

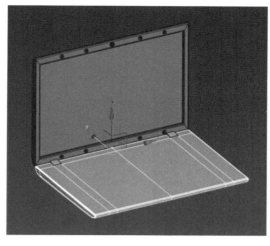

图 2 - 136

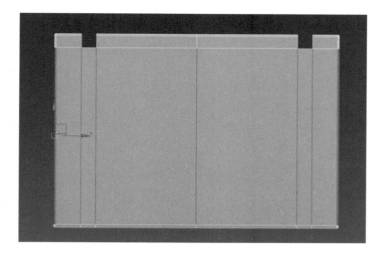

图 2 - 137

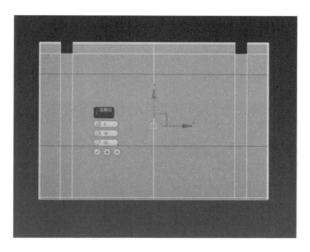

图 2 - 138

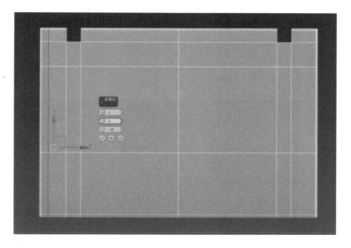

图 2 - 139

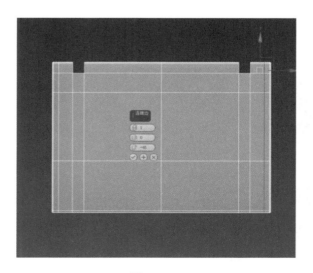

图 2 - 140

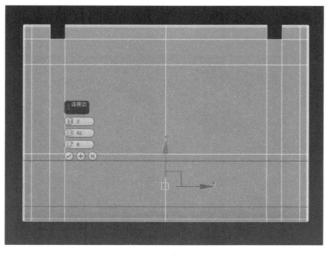

图 2 - 141

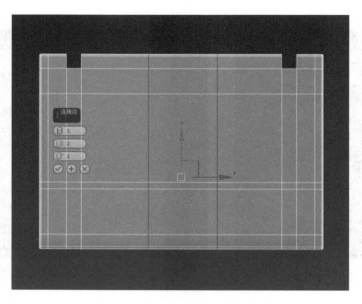

图 2-142

（2）切换至"面"，选中需要操作的面，将"挤出"参数设置为－0.8cm，点击"确定"（图 2-143）。切换至"缩放"功能，缩放选中"面"，制作出模型效果，如图 2-144 所示。触摸键盘也是同样的操作，如图 2-145、图 2-146 所示。

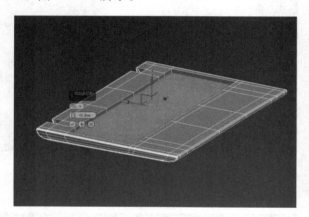

图 2-143

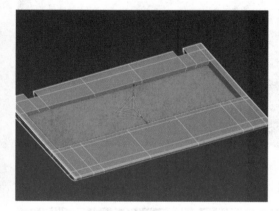

图 2-144

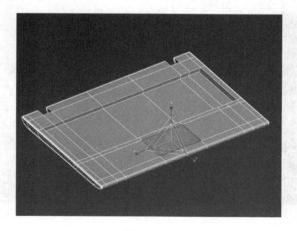

图 2-145

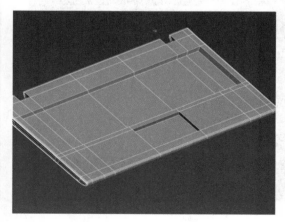

图 2-146

（3）切换至"线"，选中线（图 2 - 147），将"倒角"参数设置为 0.125cm、1，点击"确定"（图 2 - 148）。切换至"面"（图 2 - 149），选择"自动平滑"（图 2 - 150）。切换至"点"（图 2 - 151），连接四边面，如图 2 - 152 所示。

图 2 - 147

图 2 - 148

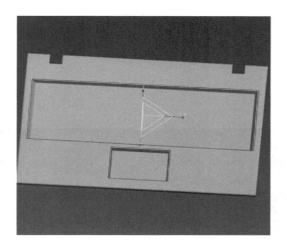

图 2 - 149

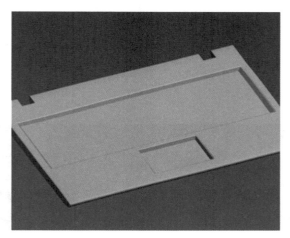

图 2 - 150

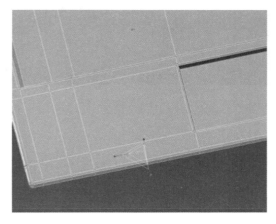

图 2 - 151

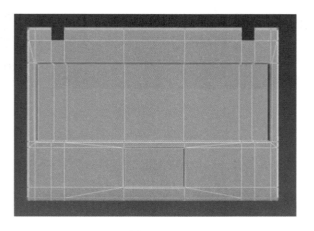

图 2 - 152

（4）下一步制作笔记本的键盘部分，创建"长方体"，勾选"自动栅格"，将参数设置为 0.8、1.5、0.6。转换"可编辑多边形"，如图 2－153 所示。

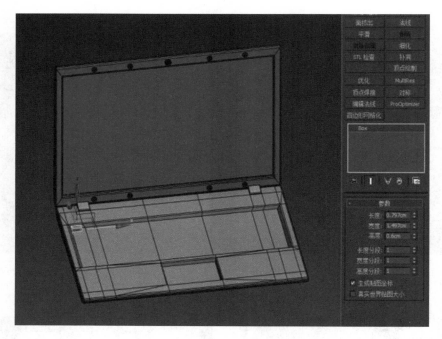

图 2－153

（5）切换至"线"，将"切角"参数设置为 0.1cm、3（图 2－154），选中边，将"切角"参数设置为 0.05cm、3，如图 2－155 所示。

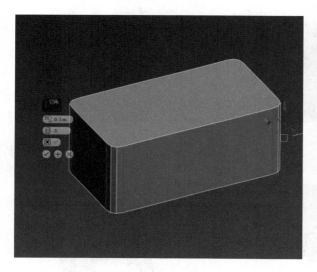

图 2－154

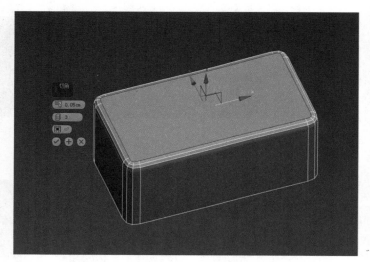

图 2－155

（6）删除"底面"（图 2－156），切换至"点"，连接四边面，如图 2－157 所示。

（7）取消"孤立"，使用快捷键"Shift"拖动复制（图 2－158）。由于第一排按钮有二十个，所以将参数设置为 19，点击"确定"，如图 2－159 所示。

（8）制作第二排按键。第二排的按钮相对来说会大一些，选中第一排按键拖动复制，用"缩放工具"调整大小和长宽比（图 2－160），再根据数量复制按钮（图 2－161）。其余的按钮用同样的方法根据大小和长宽比复制调整（图 2－162），效果如图 2－163 所示。

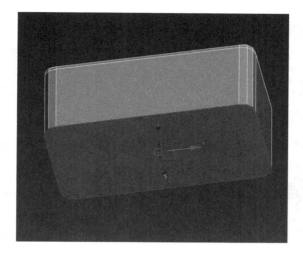

图 2 - 156

图 2 - 157

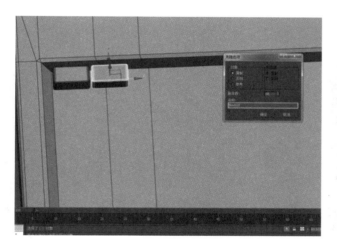

图 2 - 158

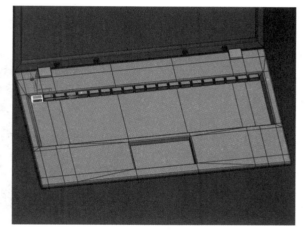

图 2 - 159

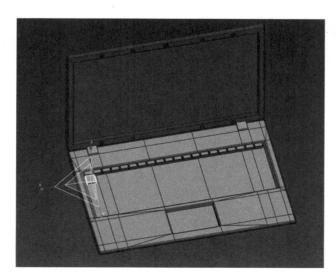

图 2 - 160

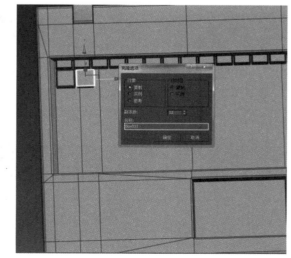

图 2 - 161

图 2 - 162

图 2 - 163

（9）触摸键盘按钮也是同样的步骤，如图 2 - 164 所示。观察效果，如图 2 - 165 所示。

图 2 - 164

图 2 - 165

2.3 笔记本电脑底座的制作

（1）制作笔记本电脑底座部分。选中笔记本电脑下半部分"孤立"（图 2 - 166），切换至"线"，选中，将"连接"参数设置为 1、0、2（图 2 - 167）。重复相同的操作，效果如图 2 - 168 所示。

（2）切换至"面"，将"插入"参数设置为 0.1cm，点击"确定"（图 2 - 169）。选中面，将"挤出"参数设置为－0.4cm，点击"确定"（图 2 - 170）。制作出底座电池盖的效果如图 2 - 171 所示。

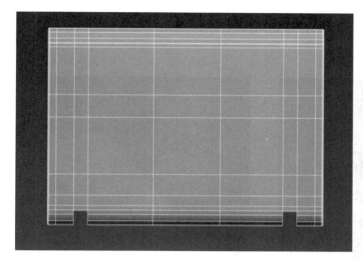

图 2 - 166

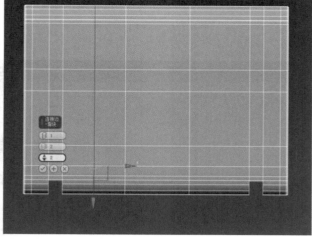

图 2 - 167

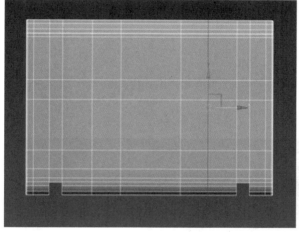

图 2 - 168

图 2 - 169

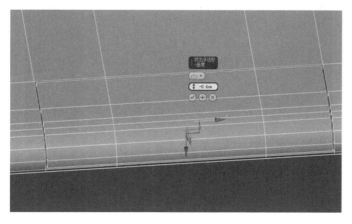

图 2 - 170

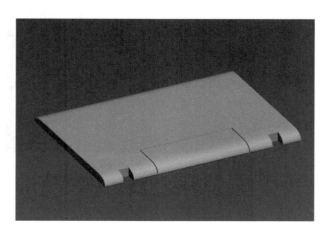

图 2 - 171

（3）切换"创建"面板，创建"长方体"，勾选"自动栅格"创建物体，将参数值设置为 3.0cm、0.9cm、0.3cm，如图 2-172 所示。转换至"可编辑多边形"—"孤立"—"线"—"切角"，将参数设置为 0.35cm、3，如图 2-173 所示。

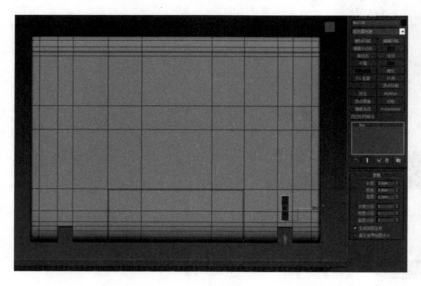

图 2-172

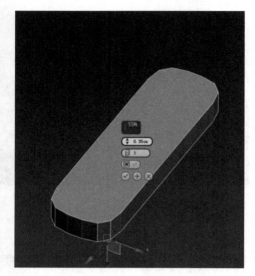

图 2-173

（4）切换至"线"，"切角"参数设置为 0.12cm、3（图 2-174）。切换至"面"，选中面后顺着 Z 轴平移调整，如图 2-175 所示。

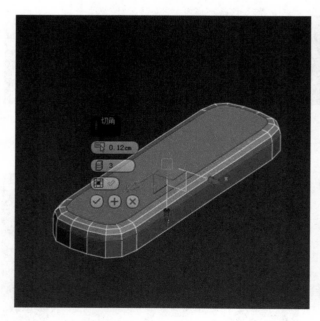

图 2-174

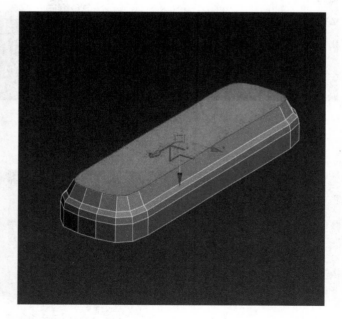

图 2-175

（5）观察棱角面，如图 2-176 所示。选中"面"（图 2-177），选择"自动平滑"（图 2-178）。

（6）切换至"点"，连接四边面，如图 2-179 所示。

（7）此时底座垫脚做好了，效果如图 2-180 所示。复制移动并调整位置，如图 2-181 所示。

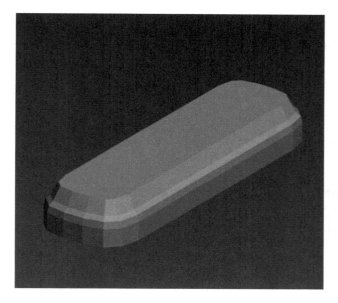

图 2 - 176

图 2 - 177

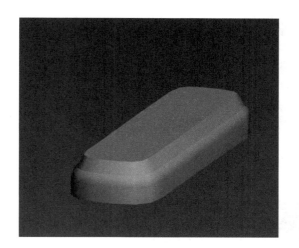

图 2 - 178

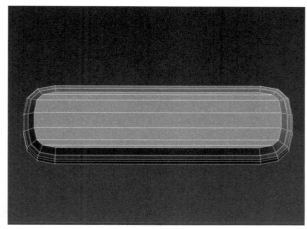

图 2 - 179

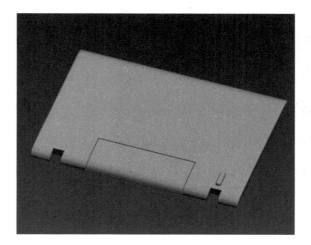

图 2 - 180

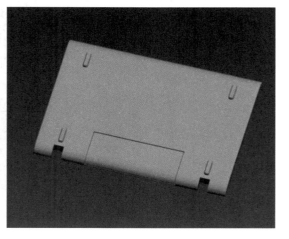

图 2 - 181

2.4　笔记本电脑接口的制作

（1）制作笔记本 USB 等接口。选中电脑的下半部分"孤立"，先制作电脑左边的接口，可以看到点不在一条直线上面。选中点（图2-182），在面板中点击"平面化"，观察物体，需要使点在 Y 轴水平面上，点击 Y 轴，如图2-183 所示。其余点重复同样的操作，如图2-184 所示。

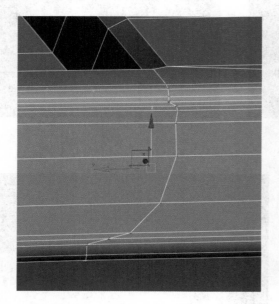

图 2-182

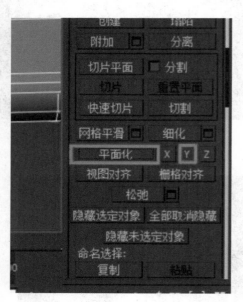

图 2-183

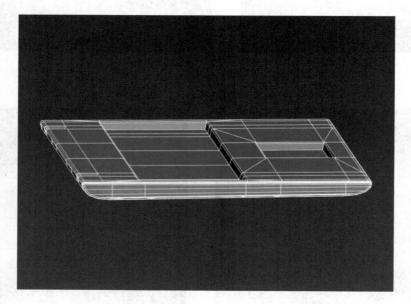

图 2-184

（2）连接线确定接口的大致位置，如图2-185 所示。切换至"面"，"挤出"参数设置为-0.5cm（图2-186）。切换至"线"，"切角"参数设置为 0.02cm、1（图2-187）。切换至"点"，连接四边面（图2-188）。

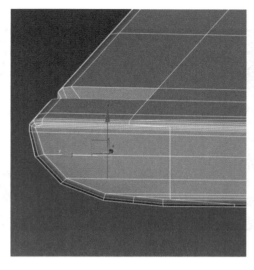

图 2－185

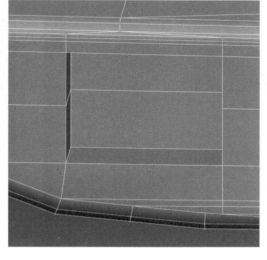

图 2－186

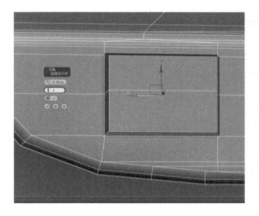

图 2－187

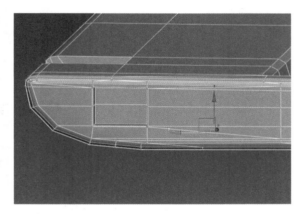

图 2－188

（3）切换至"面"（图 2－189），选择"自动平滑"，效果如图 2－190 所示。

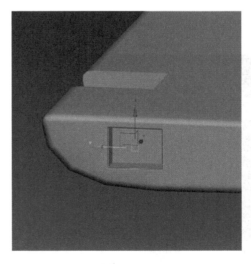

图 2－189

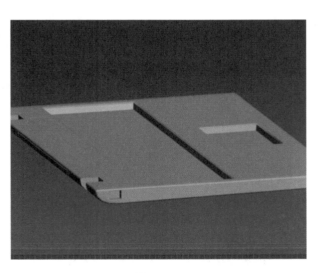

图 2－190

（4）用相同的办法制作出其余接口，"面"，如图 2 – 191 所示；"挤出"，如图 2 – 192 所示。

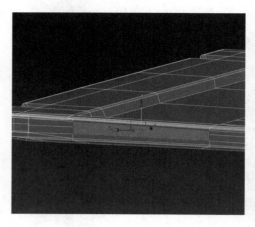

图 2 – 191

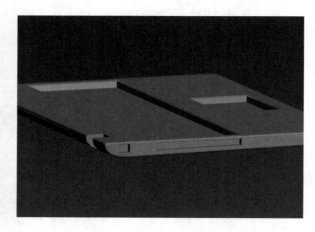

图 2 – 192

（5）创建"长方体"，参数设置为 0.38cm、1.05cm、0.45cm（图 2 – 193），复制为"实例"（图 2 – 194）。

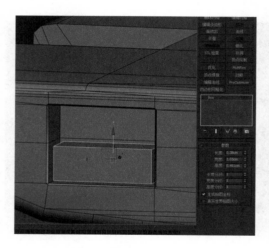

图 2 – 193

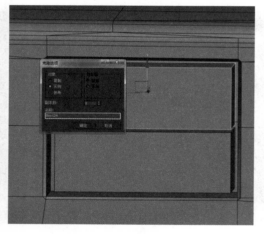

图 2 – 194

（6）切换至"线"，"切角"（图 2 – 195）。删除面（图 2 – 196），在修改器列表里找到选中"壳"（图 2 – 197），将参数设置为内部量 0.045cm，选择"塌陷全部"（图 2 – 198）。

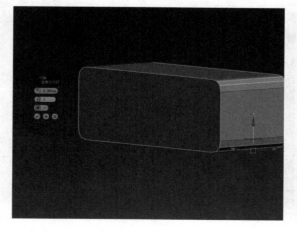

图 2 – 195

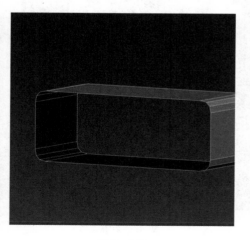

图 2 – 196

图 2-197

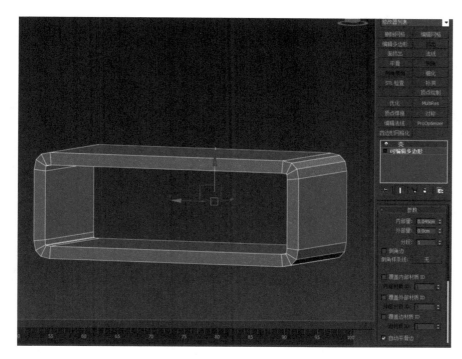

图 2-198

（7）制作出插口内部结构。创建"长方体"（图 2-199），拖动复制，效果如图 2-200 所示。

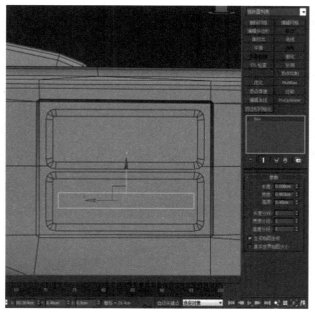

图 2-199

图 2-200

（8）用同样的方法制作其他不同性质的插口（图 2-201），电脑右边的接口也一样（图 2-202）。

（9）笔记本电脑制作完成，效果如图 2-203、图 2-204 所示。

图 2 - 201

图 2 - 202

图 2 - 203

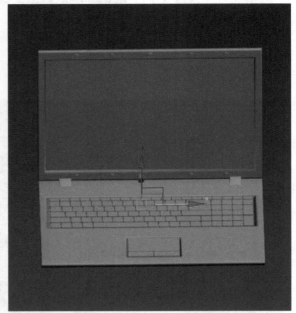

图 2 - 204

第3章　实战项目——运动水壶的制作

运动水壶范例制作主要运用了几何体组合与"编辑多边形"修改命令对标准的几何体进行改动以及调节，在运动水壶制作过程中，应该重点掌握对物体造型的塑造。仔细观察结构，运动水壶整体是非常圆滑的，所以要使模型尽量做到规整、布线整齐。范例效果如图3-1、图3-2所示。

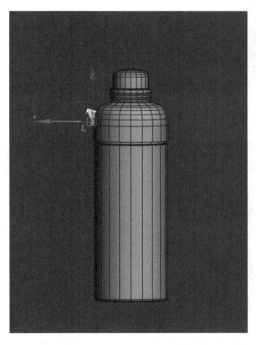

图3-1　运动水壶范例效果（1）

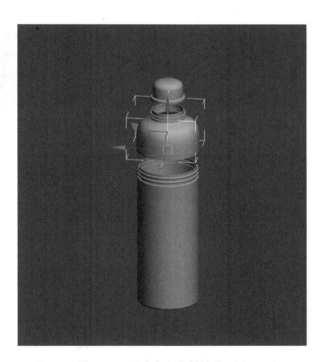

图3-2　运动水壶范例效果（2）

运动水壶范例的制作流程分为五个部分，包括：（1）运动水壶主体的制作，如图3-3所示；（2）运动水壶顶盖的制作，如图3-4所示；（3）运动水壶瓶体的制作，如图3-5、图3-6所示；（4）运动水壶内胆的制作，如图3-7、图3-8、图3-9所示；（5）运动水壶拉绳的制作，如图3-10所示。

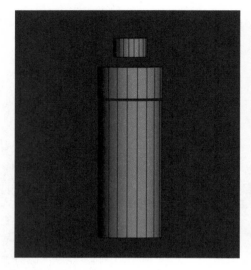

图 3 - 3　运动水壶的制作

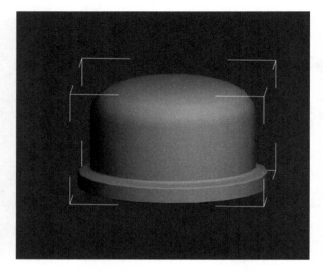

图 3 - 4　运动水壶顶盖的制作

图 3 - 5　运动水壶瓶体的制作（1）

图 3 - 6　运动水壶瓶体的制作（2）

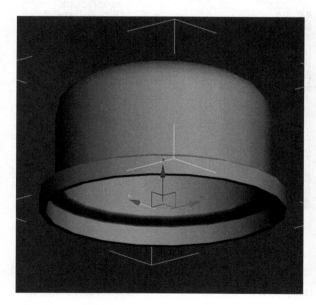

图 3 - 7　运动水壶内胆的制作（1）

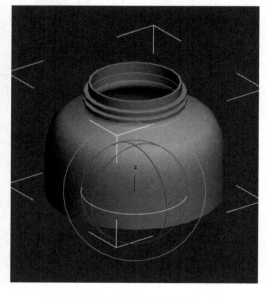

图 3 - 8　运动水壶内胆的制作（2）

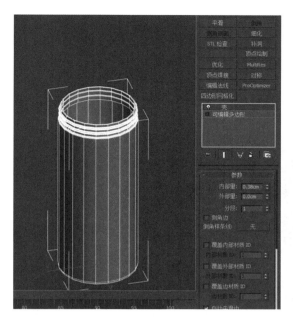

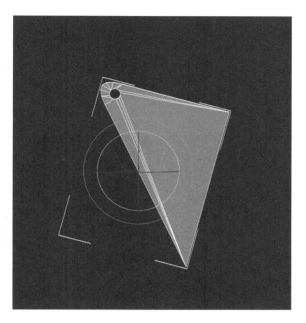

图 3-9 运动水壶内胆的制作（3）　　　　　　　图 3-10 运动水壶拉绳的制作

3.1 运动水壶主体的制作

先将运动水壶的大概基本体做出来，创建"圆柱体"，勾选"自动栅格"，将参数设置为 14.0cm、62.0cm、1、1、20，作为杯子主体，如图 3-11 所示。再做出杯子上部分和杯盖的大概基本体，这一步很重要，确定了杯体、杯盖的比例大小，才能进行下一步的操作，如图 3-12 所示。

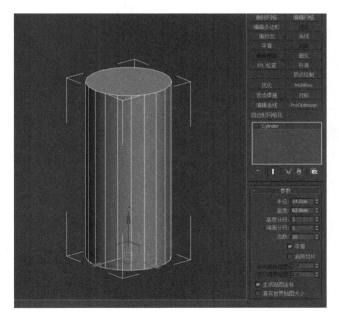

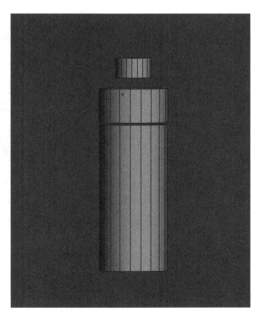

图 3-11　　　　　　　　　　　　　　　　　图 3-12

3.2　运动水壶顶盖的制作

（1）选中顶盖，如图 3-13 所示。"孤立"，如图 3-14 所示。转换"可编辑多边形"，用"缩放"调整适当高度，如图 3-15 所示。

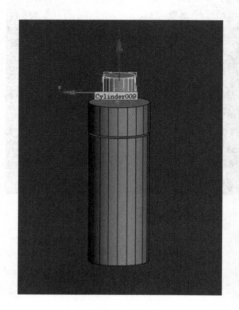

图 3-13

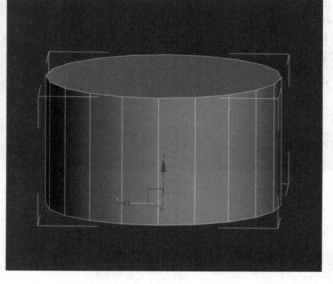

图 3-14

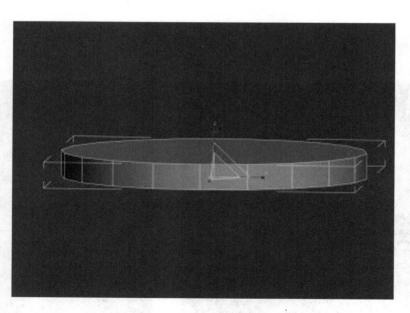

图 3-15

（2）切换"面"—"挤出"，将参数设置为 1.7cm，如图 3-16 所示。缩小面做出导角效果，如图 3-17所示。"挤出"，将参数设置为 48.0cm，点击确定，如图 3-18 所示。"插入"，如图 3-19 所示。"Ctrl＋Alt＋C"焊接面，如图 3-20 所示。

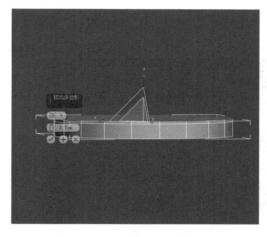

图 3 - 16

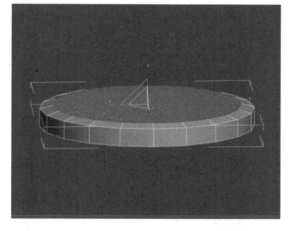

图 3 - 17

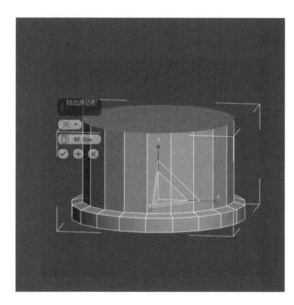

图 3 - 18

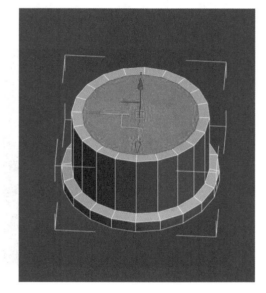

图 3 - 19

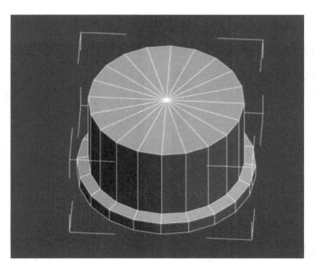

图 3 - 20

（3）给盖口"切角"使边缘圆滑，如图 3-21、图 3-22 所示。使盖顶圆滑接近半球体，选择"线"，如图 3-23 所示。"切角"，如图 3-24 所示。

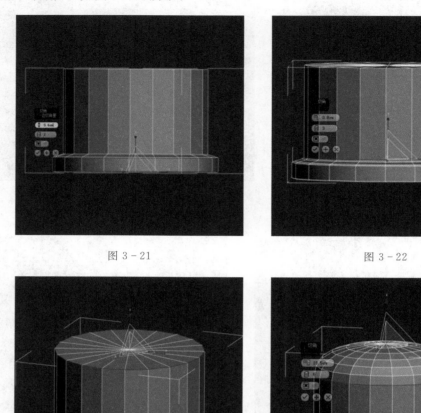

图 3-21   图 3-22

图 3-23   图 3-24

（4）观察棱角，如图 3-25 所示。切换"面"—"自动平滑"，如图 3-26 所示。切换"面"，如图 3-27 所示。"自动平滑"，如图 3-28 所示。

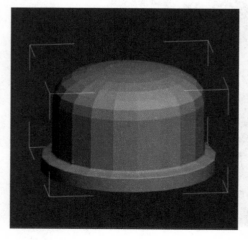 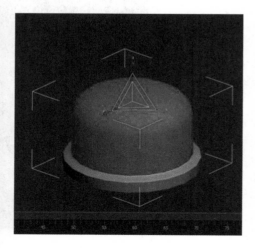

图 3-25   图 3-26

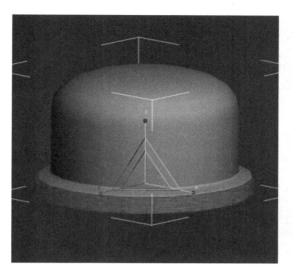

图 3 - 27

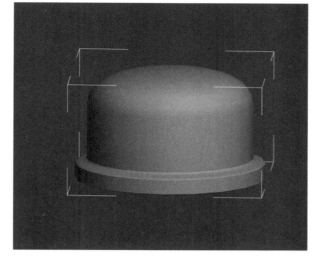

图 3 - 28

运动水壶顶盖制作完成。

3.3 运动水壶瓶体的制作

（1）我们先来制作运动水壶瓶体的上半部分。选择物体，如图 3 - 29 所示。"孤立"，如图 3 - 30 所示。

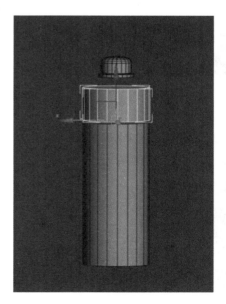

图 3 - 29 选择物体

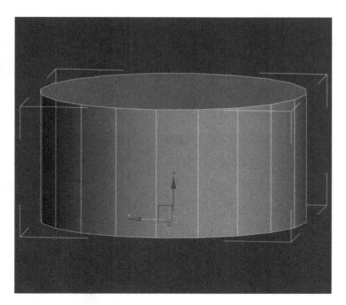

图 3 - 30

（2）切换"线"，如图 3 - 31 所示。"切角"，将参数值设置为 8.0cm、6，点击确定，如图 3 - 32 所示。

（3）由于杯体与杯盖要能合在一起，选择"面"，如图 3 - 33 所示。调整面，如图 3 - 34 所示。"挤出"，将参数设置为 3.5cm，点击确定，如图 3 - 35 所示。参照杯体调整盖顶的大小，如图 3 - 36 所示。

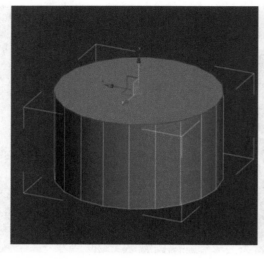
图 3 - 31

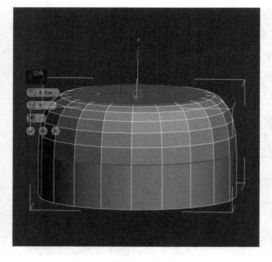
图 3 - 32

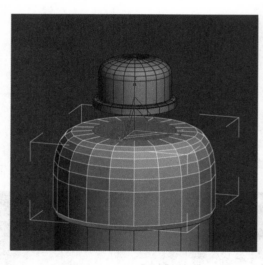
图 3 - 33

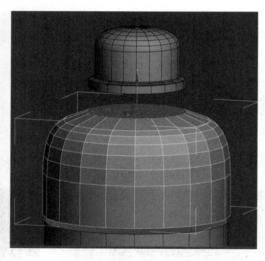
图 3 - 34

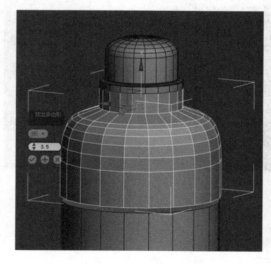
图 3 - 35

图 3 - 36

（4）切换"线"—"切角"，如图3-37所示。观察棱角"面"，如图3-38所示。切换"面"选中，如图3-39所示。"自动平滑"，如图3-40所示。

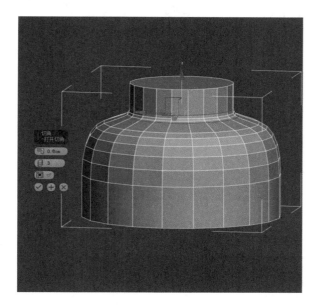

图3-37

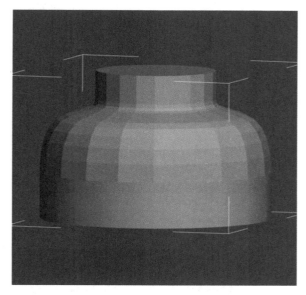

图3-38

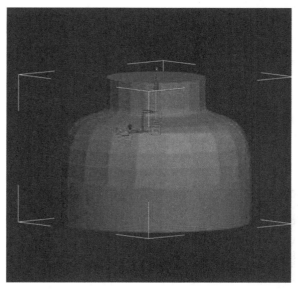

图3-39

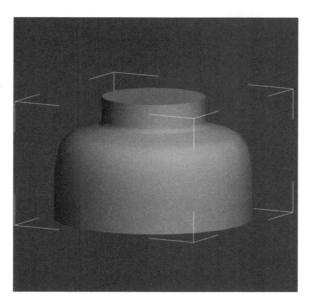

图3-40

（5）切换"线"—"连接"，将参数值设置为：4、-13、-95，如图3-41所示。切换"面"—"挤出"，将参数设置为0.8cm，点击确定，如图3-42所示。

（6）切换"线"—"切角"，将参数设置为：0.12cm、2，点击确定，如图3-43所示。观察棱角，如图3-44所示。切换"面"，如图3-45所示。"自动平滑"，如图3-46所示。

运动水壶瓶体上半部分制作完成。

（7）下面开始制作运动水壶瓶体的下半部分，如图3-47所示。切换"线"—"切角"，将参数设置为：1.0cm、3，点击确定，如图3-48所示。

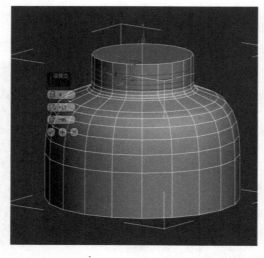

图 3 - 41

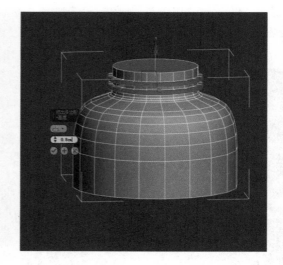

图 3 - 42

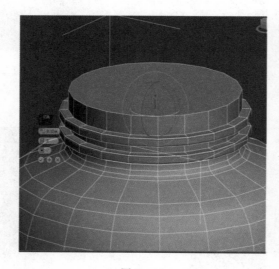

图 3 - 43

图 3 - 44

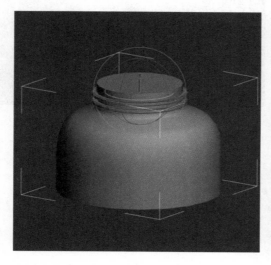

图 3 - 45

图 3 - 46

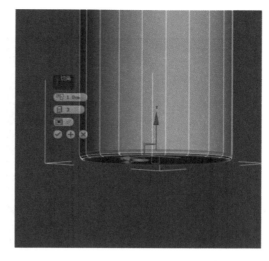

图 3 - 47 图 3 - 48

（8）切换"面"，如图 3 - 49 所示。"插入"，如图 3 - 50 所示。"挤出"，如图 3 - 51 所示。切换"线"—"切角"，如图 3 - 52 所示。

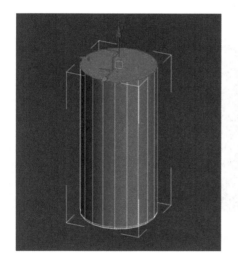

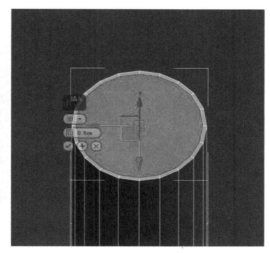

图 3 - 49 图 3 - 50

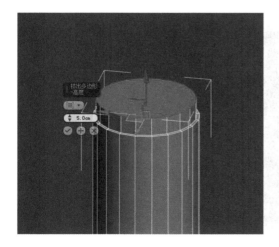

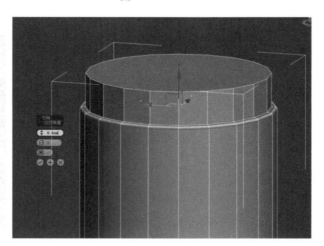

图 3 - 51 图 3 - 52

（9）切换"面"，如图 3-53 所示。"自动平滑"，如图 3-54 所示。

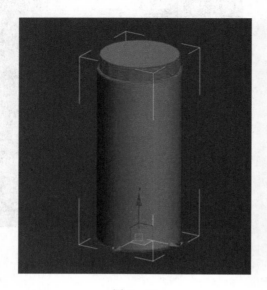
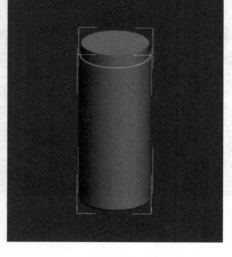

图 3-53   图 3-54

（10）切换"线"—"连接"，如图 3-55 所示。切换"面"—"挤出"，如图 3-56 所示。

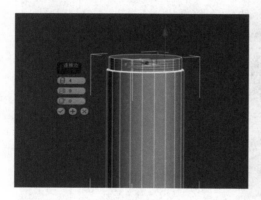
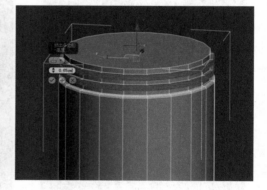

图 3-55   图 3-56

（11）切换"线"—"切角"，将参数设置为：0.4cm、3，如图 3-57 所示。点击确定，如图 3-58 所示。制作出杯口连接螺口。"面"，如图 3-59 所示。"自动平滑"，如图 3-60 所示。

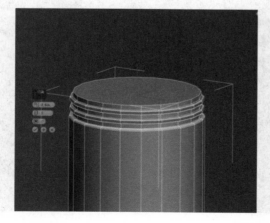

图 3-57   图 3-58

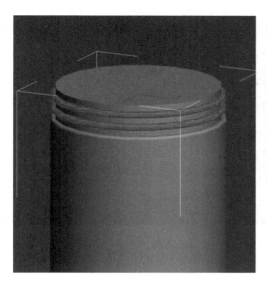 

图 3 - 59　　　　　　　　　　　　　　　图 3 - 60

运动水壶瓶体制作完成。

3.4　运动水壶内胆的制作

由于运动水壶是用来盛装物体的，所以内部应该是空心的，下面我们可以用"壳"命令来制作运动水壶的内胆部分。

（1）选中物体，如图 3 - 61 所示。"孤立"，如图 3 - 62 所示。删除底面，如图 3 - 63 所示。"壳"，将参数值设置为内部量 0.38cm——"塌陷全部"，如图 3 - 64 所示。

 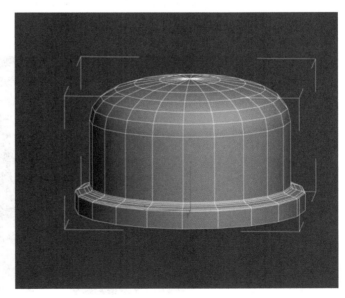

图 3 - 61　　　　　　　　　　　　　　　图 3 - 62

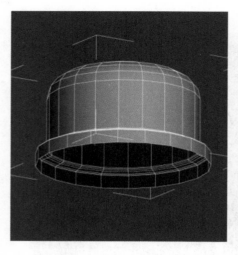
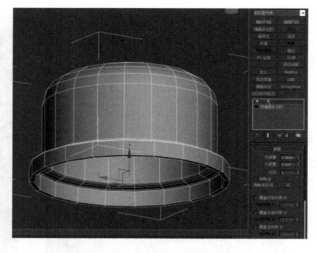

图 3 - 63　　　　　　　　　　　　　　　图 3 - 64

　　（2）观察模型，可以看到由于"壳"命令挤压的关系，盖顶的点发生错位，如图 3 - 65 所示。切换 "点"，勾选"忽略背面"，如图 3 - 66 所示。"焊接"，如图 3 - 67 所示。观察效果，如图 3 - 68 所示。

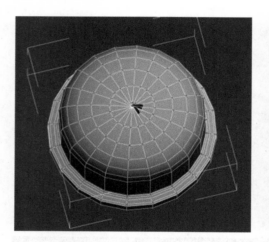
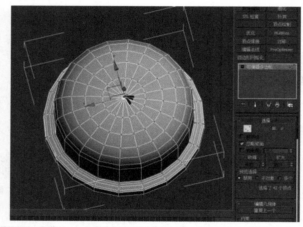

图 3 - 65　　　　　　　　　　　　　　　图 3 - 66

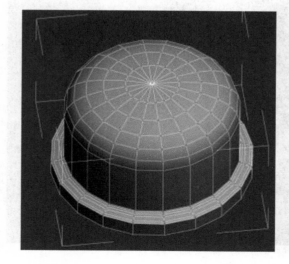
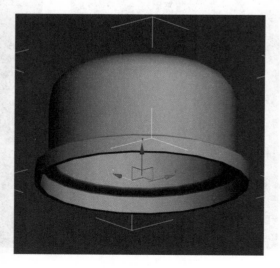

图 3 - 67　　　　　　　　　　　　　　　图 3 - 68

运动水壶顶盖内胆制作完成。

（3）选中物体"孤立"—删除顶面和底面，如图 3－69 所示。"壳"，将参数值设置为内部量 0.38cm—"塌陷全部"，如图 3－70 所示。观察效果，如图 3－71、图 3－72 所示。

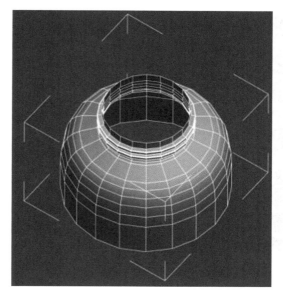

图 3－69

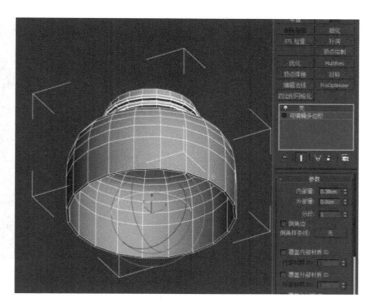

图 3－70

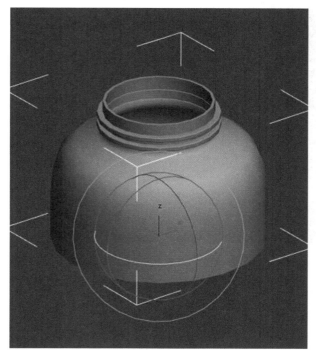

图 3－71

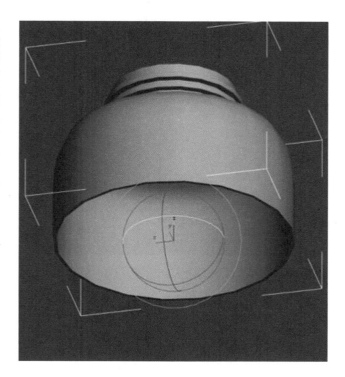

图 3－72

运动水壶瓶体上半部分内胆制作完成。

（4）选中物体，如图 3－73 所示。"孤立"，如图 3－74 所示。删除顶面，如图 3－75 所示。"壳"，将参数值设置为内部量 0.38cm—"塌陷全部"，如图 3－76 所示。

图 3－73

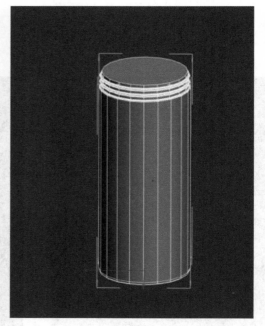

图 3－74

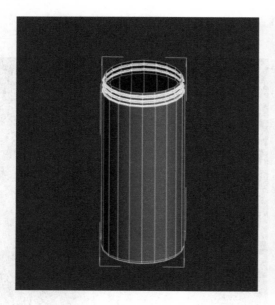

图 3－75

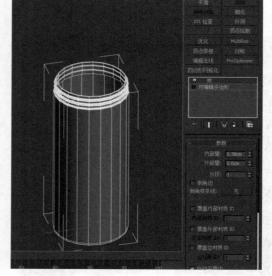

图 3－76

运动水壶瓶体内胆制作完成。

3.5　运动水壶拉绳的制作

（1）"创建" — "长方体"，将参数设置为：15.0cm、13.0cm、1.0cm。转换"可编辑多边形"，如图 3－77 所示。

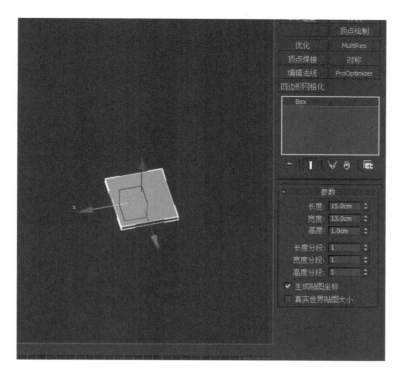

图 3 - 77

（2）切换"点"—选中，鼠标右键"目标焊接"，如图 3 - 78 所示。或者在面板中找到选中"目标焊接"，如图 3 - 79 所示。将点焊接起来，使之成为三角体，如图 3 - 80 所示。

图 3 - 78

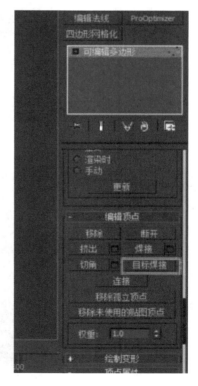

图 3 - 79

（3）切换"线"—"切角"，将参数设置为 3.0cm、6，点击确定，如图 3 - 81 所示。

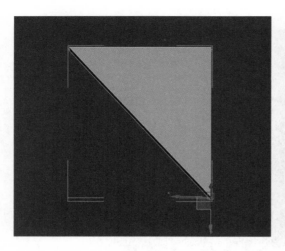

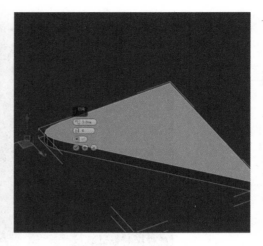

图 3－80   图 3－81

（4）下面我们来做出拉绳系带接口。"创建"—"圆柱体"，将参数设置为 0.5cm、3.5cm、1、1、12，如图 3－82 所示。将圆柱体移动穿透三角体，如图 3－83 所示。选中三角体—"创建"—"复合对象"—"布尔"，如图 3－84 所示。"拾取操作对象 B"，如图 3－85 所示。选中圆柱体—"塌陷全部"，如图 3－86 所示。

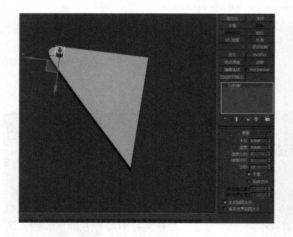

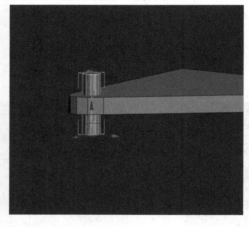

图 3－82   图 3－83

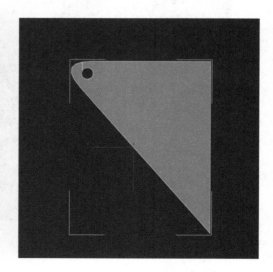

图 3－84   图 3－85   图 3－86

（5）切换"点"，连接四边面，如图 3-87 所示。观察棱角，如图 3-88 所示。切换"面"，如图 3-89 所示。"自动平滑"，如图 3-90 所示。

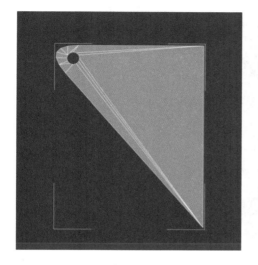

图 3-87

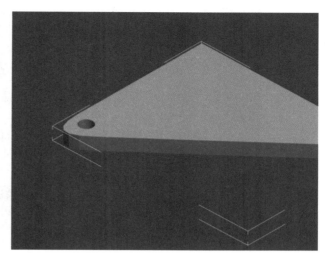

图 3-88

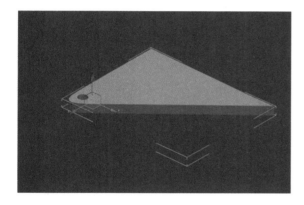

图 3-89

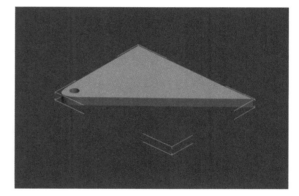

图 3-90

（6）旋转，如图 3-91 所示。移动缩小对齐至杯盖上，如图 3-92 所示。再调整，如图 3-93 所示。观察最终效果，如图 3-94 所示。

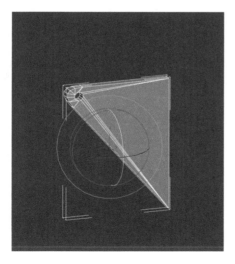

图 3-91

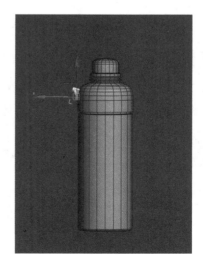

图 3-92

图 3－93   图 3－94

（7）接下来开始制作拉环连接的铁圈，切换"创建"面板—"图形"—"线"。3ds Max 中"线"命令可以用线的形式创造复杂的曲面，再通过渲染视口的方法转换成可编辑多边形，如图 3－95 所示。

（8）切换"螺旋线"创建线条，如图 3－96 所示。调整其在物体中的位置，还有物体之间的比例大小，如图 3－97 所示。

（9）在修改面板中找到"渲染"列表，勾选"在视口中启用""在渲染中启用"。勾选"径向"，修改参数，设置为：厚度 2.5cm、边 8、角度 0.1，如图 3－98 所示。可以看到"线"在视口中生成了圆柱形。转换为"可编辑多边形"即可对其进行操作，如图 3－99 所示。

图 3－95

图 3－96   图 3－97

图 3 - 98   图 3 - 99

（10）切换"线"，创建线条来制作拉环。创建"线"时按住"Shift"即可创建出直线，如图 3 - 100 所示。选择点，如图 3 - 101 所示。在修改面板中选择"圆角"，使"圆角"如图 3 - 102 所示。在面板里找到"插值"，将步数设置为 2，如图 3 - 103 所示。

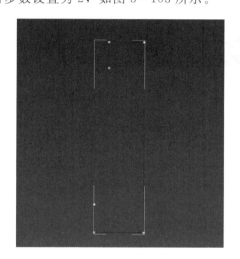

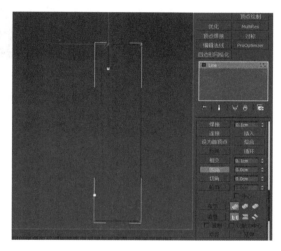

图 3 - 100   图 3 - 101

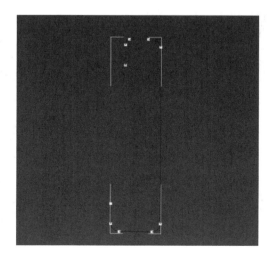

图 3 - 102   图 3 - 103

（11）在修改面板中找到"渲染"列表，勾选"在视口中启用""在渲染中启用"。勾选"矩形"，修改参数，设置为：长度 2.0cm、宽度 1.6cm，如图 3-104 所示。再根据"线"命令里的"点"调整。转换为"可编辑多边形"，如图 3-105 所示。

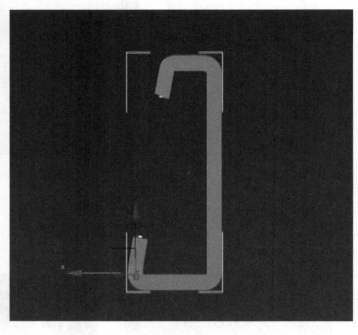

图 3-104 图 3-105

（12）切换"线"，选中"线"，如图 3-106 所示。"切角"，将参数设置为 0.3、3，如图 3-107 所示。观察棱角，如图 3-108 所示。切换"面"，选择"面"，如图 3-109 所示。"自动平滑"，如图 3-110 所示。

（13）创建"长方形"，根据需要调整比例大小，切换"可编辑多边形"，如图 3-111 所示。

（14）切换"线"，如图 3-112 所示。"连接"，如图 3-113 所示。切换"面"，如图 3-114 所示。删除面，如图 3-115 所示。连接边并做出调整，如图 3-116 所示。

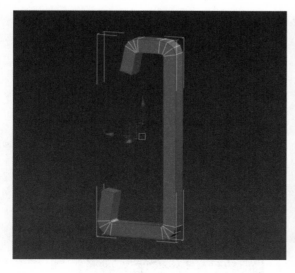

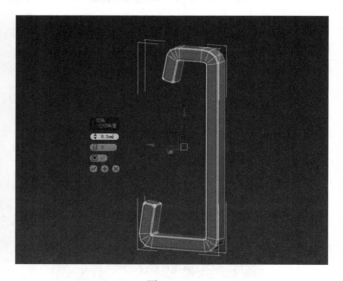

图 3-106 图 3-107

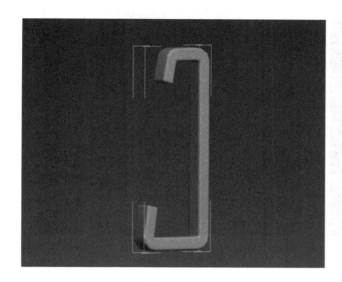

图 3 – 108

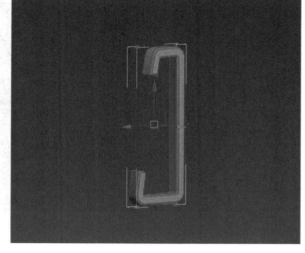

图 3 – 109

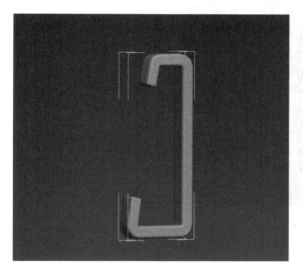

图 3 – 110

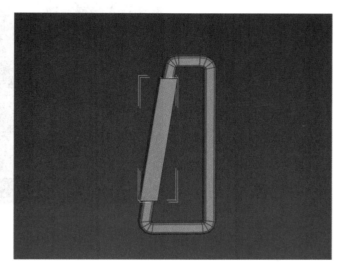

图 3 – 111

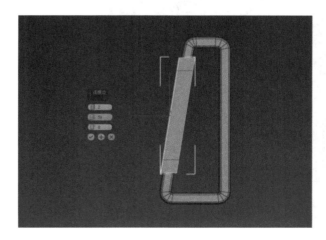

图 3 – 112

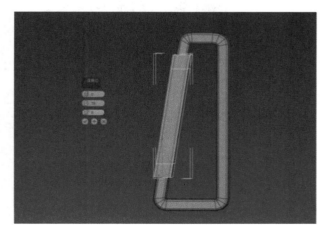

图 3 – 113

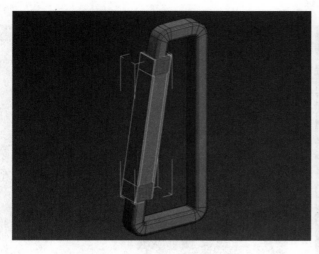
图 3－114

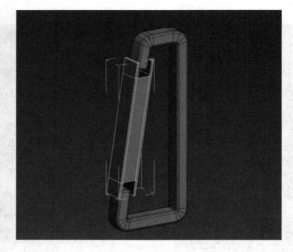
图 3－115

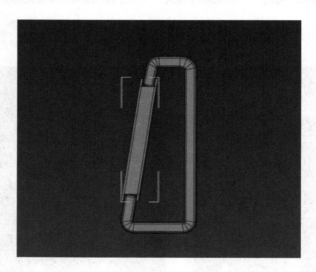
图 3－116

（15）做出接口的螺丝，如图 3－117 所示。观察效果，如图 3－118 所示。

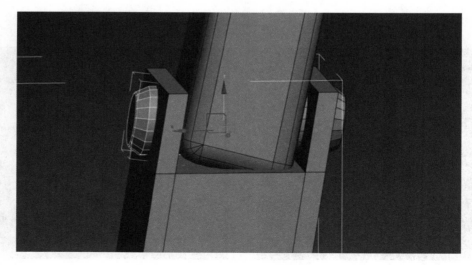
图 3－117

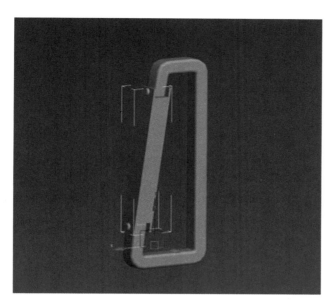

图 3-118

（16）运动水壶制作完成，如图 3-119、图 3-120 所示。

图 3-119

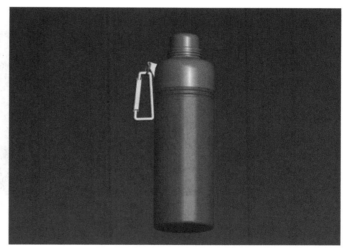

图 3-120

第4章 实战项目——汽车制作

汽车制作主要运用了几何体组合与"编辑多边形"修改命令对标准的几何体进行改动以及调节，在汽车制作过程中，应该重点掌握对物体造型的塑造，仔细观察结构，汽车的细节多，结构有锋利的地方，也有十分圆滑的地方，所以要使模型尽量做到规整、布线整齐。范例效果如图4-1、图4-2所示。

图4-1

图4-2

汽车范例的制作流程分为四个部分：①车身粗模的制作（图4-3）；②细化车头（图4-4）；③车身车尾细节的制作（图4-5）；④汽车轮胎的制作（图4-6）。

图4-3

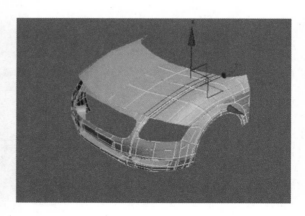

图4-4

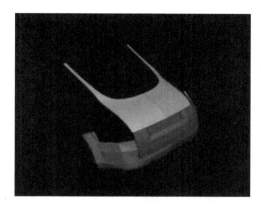

图 4 - 5　　　　　　　　　　　　　　　图 4 - 6

4.1　车身粗模的制作

（1）设置视图背景图片，在菜单栏点击"视口"—"视口背景"—"配置视口背景"即可自定义视口背景的图片（图 4 - 7）。将"顶视图""前视图""左视图"背景串口的图片设置为汽车图纸，方便参考（图 4 - 8）。

图 4 - 7　　　　　　　　　　　　　　　图 4 - 8

（2）将视口切换至"左视图"，创建"平面"（图 4 - 9）。根据汽车图纸切换至"点"来调整位置（图 4 - 10）。

图 4 - 9　　　　　　　　　　　　　　　图 4 - 10

（3）切换至"线"，按住"Shift"键并拖动鼠标，创建新的"面"（图 4-11）。切换至"旋转"进行调整（图 4-12），继续上一步操作，如图 4-13、图 4-14 所示。

图 4-11

图 4-12

图 4-13

图 4-14

（4）切换至"点"，对汽车轮子进行调整。切换至"线"，选择线（图 4-15），在顶视图创建汽车轮胎弧度。切换至"点"进行调整（图 4-16）。

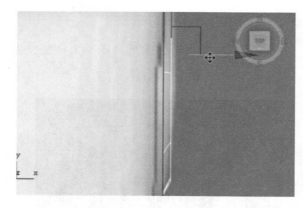

图 4-15

图 4-16

（5）切换至"线"，按住"Shift"键并拖动鼠标，创建新的面（图 4-17）。对汽车的侧面进行更详细的塑造（图 4-18），重复操作如图 4-19、图 4-20 所示。

图 4 - 17

图 4 - 18

图 4 - 19

图 4 - 20

（6）切换至"边"，选择"边"（图 4 - 21）。按住"Shift"键并拖动鼠标复制（图 4 - 22）。继续同样操作，选中"边"（图 4 - 23）。按住"Shift"键并拖动鼠标复制（图 4 - 24）。切换至"点"调整如图 4 - 25 所示。制作车门框结构如图 4 - 26 所示。

（7）切换至"边"，选中如图 4 - 27 所示，按住"Shift"键并拖动鼠标创建车子的厚度（图 4 - 28）。切换至"线"，选择"线"（图 4 - 29），"切角"如图 4 - 30 所示。切换至"点"调整（图 4 - 31）。"nurms"观察效果如图 4 - 32 所示。

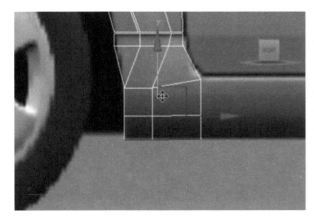

图 4 - 21

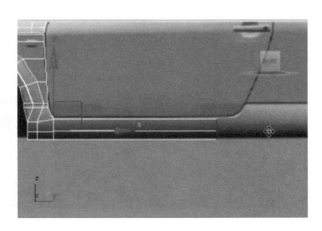

图 4 - 22

图 4 - 23

图 4 - 24

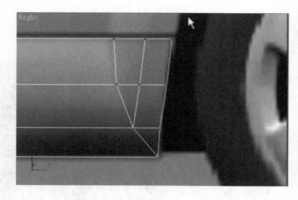

图 4 - 25

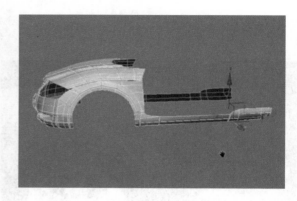

图 4 - 26

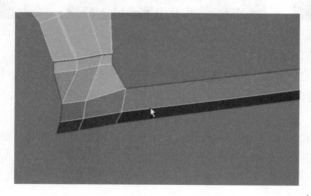

图 4 - 27

图 4 - 28

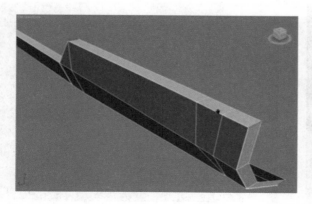

图 4 - 29

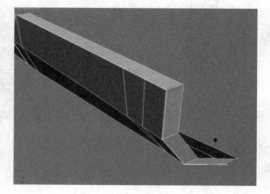

图 4 - 30

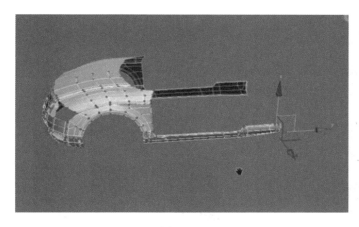

图 4 - 31 图 4 - 32

（8）选择"边"，继续制作车身侧面车窗的可编辑面，切换"点"调整位置如图 4 - 33 所示。重复上述操作来制作窗框，如图 4 - 34 所示。

图 4 - 33 图 4 - 34

（9）继续选中"边"，如图 4 - 35 所示；进行拖动复制，如图 4 - 36 所示；继续拖动复制做出车轮边框，如图 4 - 37、图 4 - 38 所示。

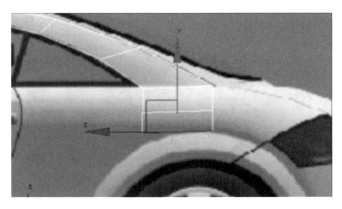

图 4 - 35 图 4 - 36

图 4 - 37

图 4 - 38

（10）继续完善车身侧面。切换至"点"调整如图 4 - 39 所示，选择"线"（图 4 - 40），拖动复制（图 4 - 41），效果如图 4 - 42 所示。

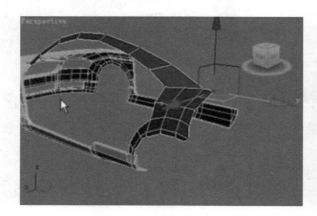

图 4 - 39

图 4 - 40

图 4 - 41

图 4 - 42

（11）切换至"线"（图 4 - 43），"切角"制作出棱角凸起（图 4 - 44），焊接"点"（图 4 - 45），渲染窗口后观察效果如图 4 - 46 所示。

图 4-43

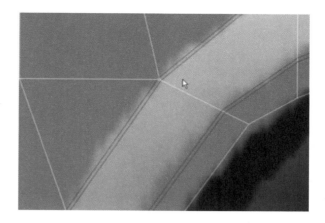

图 4-44

图 4-45

图 4-46

（12）用同样的方法制作车门部分，拖动复制（图 4-47），观察整体效果如图 4-48 所示。

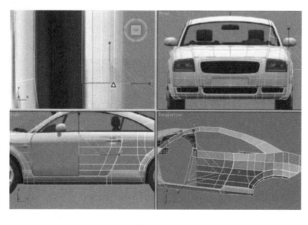

图 4-47

图 4-48

（13）制作车顶部分，选择"线"，拖动复制（图 4-49），"连接"细分曲面（图 4-50）。再根据不同的视角来调整高度形状，如图 4-51 所示。

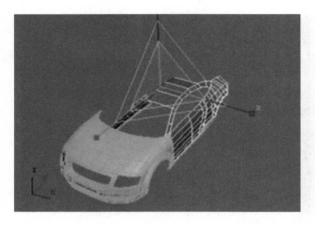

图 4 - 49

图 4 - 50

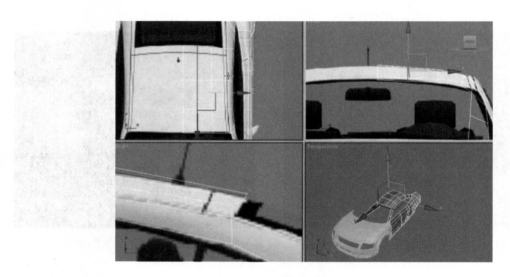

图 4 - 51

（14）切换至"线"，"切角"（图 4 - 52），重复操作（图 4 - 53）。切换至"面"，选择"面"并删除面（图 4 - 54）。

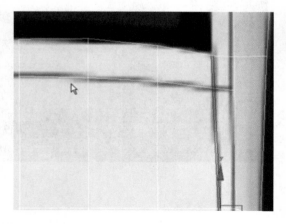

图 4 - 52

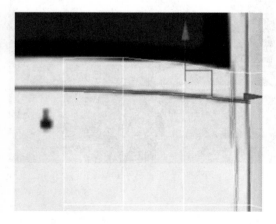

图 4 - 53

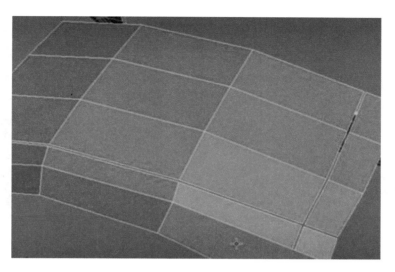

图 4 - 54

（15）"镜像"车身，选择"实例"方便做出更改（图 4 - 55），调整位置（图 4 - 56）。

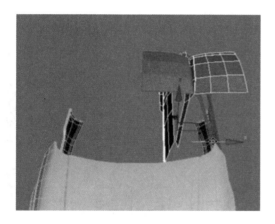

图 4 - 55

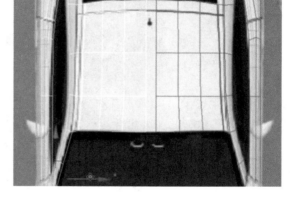

图 4 - 56

（16）选择"边"（图 4 - 57），拖动复制做出物体的厚度（图 4 - 58），调整位置。继续重复上述的操作，如图 4 - 59、图 4 - 60 所示。

图 4 - 57

图 4 - 58

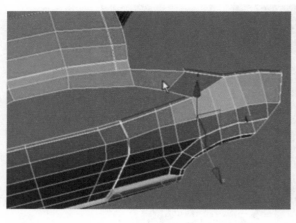

图 4 - 59 图 4 - 60

（17）完善细节，拖动复制"面"，如图 4 - 61 所示。焊接"点"（图 4 - 62），"切角"边（图4 - 63），再次焊接"点"（图 4 - 64），"切割"（图 4 - 65），完成布线，如图 4 - 66 所示。

图 4 - 61 图 4 - 62

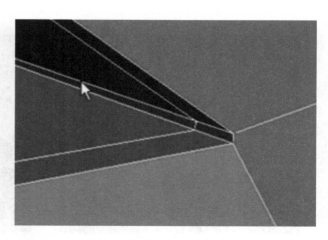

图 4 - 63 图 4 - 64

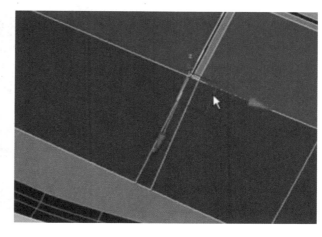

图 4 - 65

图 4 - 66

（18）完善细节，"切角"（图 4 - 67），焊接"点"（图 4 - 68）。切换至"点"调整位置（图 4 - 69、图 4 - 70），渲染窗口观察如图 4 - 71 所示的效果。

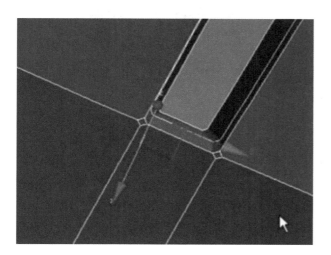

图 4 - 67

图 4 - 68

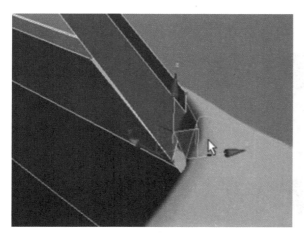

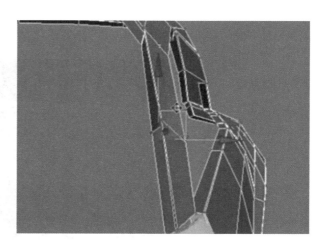

图 4 - 69

图 4 - 70

图 4 - 71

（19）做出车窗部分的厚度（图 4 - 72），观察如图 4 - 73 所示的效果。

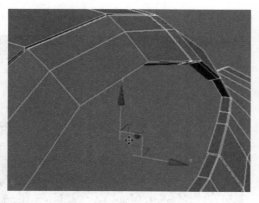

图 4 - 72

图 4 - 73

4.2　细化车头的制作

（1）切换至"线"—"前视图"，开始制作汽车车头部分"面"，切换至"点"进行调整，如图 4 - 74 所示。

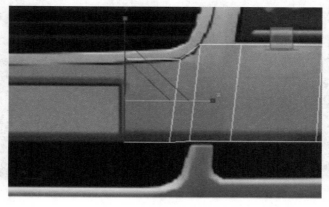

图 4 - 74

（2）切换至"线"—"连接"（图 4 - 75），继续拖动复制"面"（图 4 - 76）。切换至"点"进行调整（图 4 - 77）。

图 4 - 75

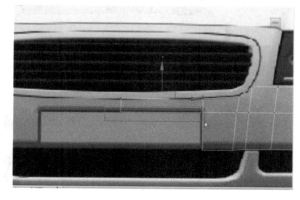

图 4 - 76

图 4 - 77

（3）重复上述操作继续完成车头的制作。随时切换视图，根据图纸完善精准模型（图 4 - 78）。

图 4 - 78

（4）切换至"线"，选择"线"—"切角"，做出细节的倒角（图 4 - 79），焊接"点"，如图 4 - 80 所示。

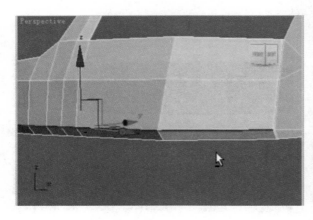 

图 4 - 79　　　　　　　　　　　　　　　　图 4 - 80

（5）鼠标右键点击"nurms 切换"，观察模型自动平滑的效果，如图 4 - 81 所示。切换至"线"，选择"线"—"切角"，如图 4 - 82 所示。

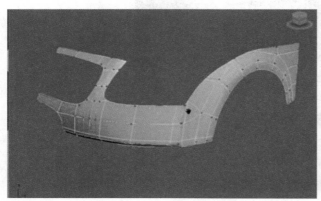

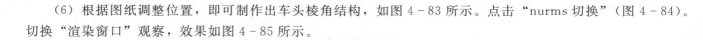

图 4 - 81　　　　　　　　　　　　　　　　图 4 - 82

（6）根据图纸调整位置，即可制作出车头棱角结构，如图 4 - 83 所示。点击"nurms 切换"（图 4 - 84）。切换"渲染窗口"观察，效果如图 4 - 85 所示。

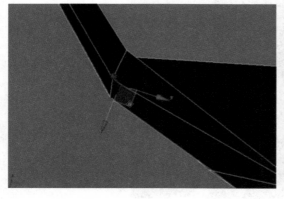 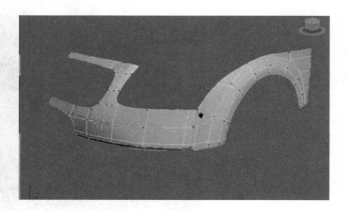

图 4 - 83　　　　　　　　　　　　　　　　图 4 - 84

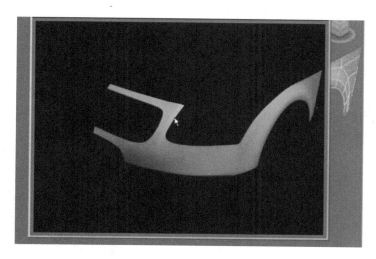

图 4 - 85

（7）继续刻画车头部分模型。选择"线"（图 4 - 86）。使用快捷键"Shift"沿着轴系鼠标拖动创建可编辑面（图 4 - 87）。焊接点，效果如图 4 - 88 所示。

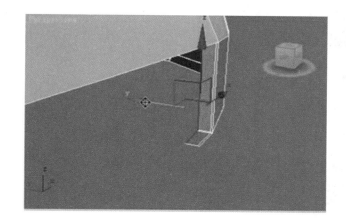

图 4 - 86

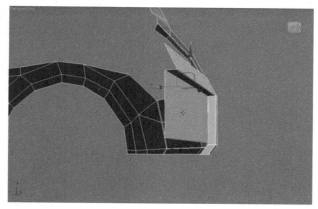

图 4 - 87

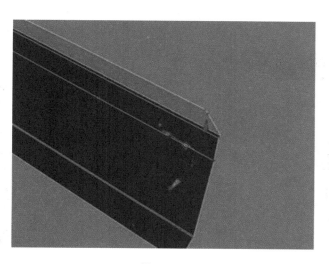

图 4 - 88

（8）选择"线"—"导角"（图 4-89），焊接"点"（图 4-90），点击"nurms 切换"观察效果，如图 4-91 所示。

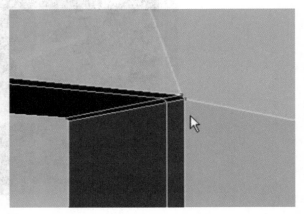

图 4-89   图 4-90

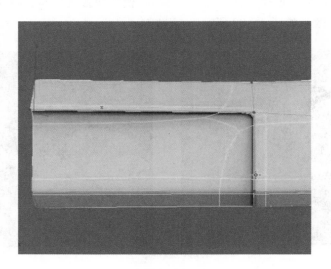

图 4-91

（9）用同样的方法完善模型，进一步刻画，如图 4-92、图 4-93 所示。

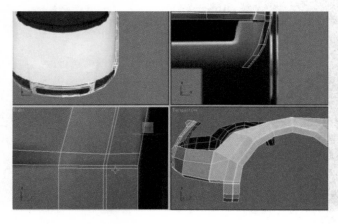
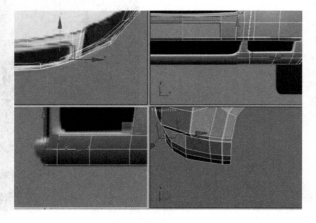

图 4-92   图 4-93

（10）在命令面板中找到"对称"，对称模型（图 4 - 94）。再进一步调整，如图 4 - 95、图 4 - 96 所示。在渲染窗口观察，效果如图 4 - 97 所示。

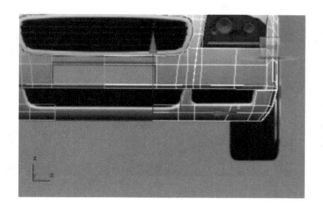

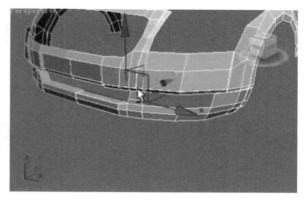

图 4 - 94　　　　　　　　　　　　　　　图 4 - 95

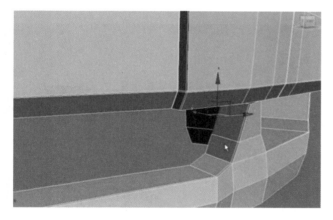

图 4 - 96　　　　　　　　　　　　　　　图 4 - 97

（11）继续完善车身侧面，用同样的操作方法（图 4 - 98）。切换至"点"调整，如图 4 - 99 所示。

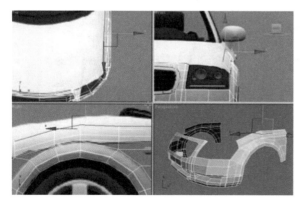

图 4 - 98　　　　　　　　　　　　　　　图 4 - 99

（12）选择"面"，删除，继续完善模型，做出引擎盖的棱角结构（图 4 - 100）。切换至"点"进行调整，如图 4 - 101 所示。

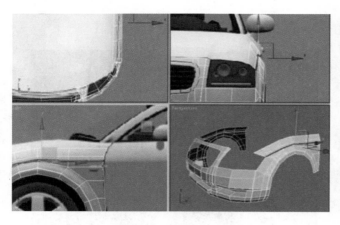

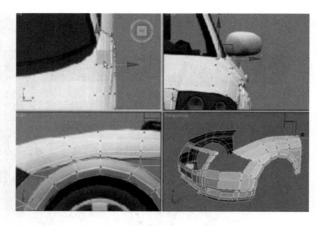

图 4 - 100　　　　　　　　　　　　　　　图 4 - 101

　　（13）切换至"线"，拖动复制"面"，如图 4 - 102 所示。切换至"点"调整，如图 4 - 103 所示。选择"线"（图 4 - 104），"切角"（图 4 - 105），点击"nurms 切换"观察，效果如图 4 - 106 所示。

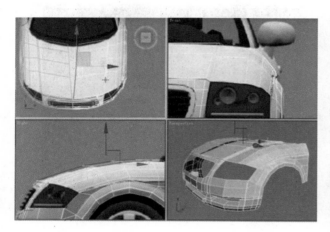

图 4 - 102　　　　　　　　　　　　　　　图 4 - 103

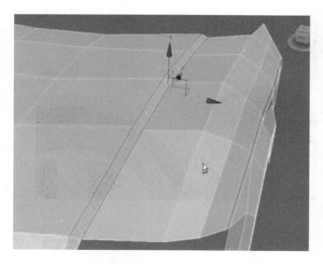

图 4 - 104　　　　　　　　　　　　　　　图 4 - 105

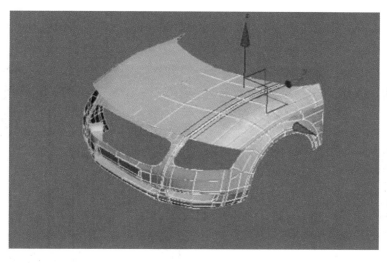

图 4 - 106

4.3　车身车尾细节的制作

（1）勾选"自动栅格"创建"平面"（图 4 - 107），调整角度（图 4 - 108），切换至"点"，调整位置，如图 4 - 109 所示。

图 4 - 107

图 4 - 108

图 4 - 109

（2）拖动复制创造"面"制作车尾（图 4 - 110），切换至"点"进行调整（图 4 - 111），继续完成细节，如图 4 - 112、图 4 - 113 所示。

图 4 - 110

图 4 - 111

图 4 - 112

图 4 - 113

（3）切换至"线"，选择"线"（图 4 - 114），"切角"，如图 4 - 115 所示。

图 4 - 114

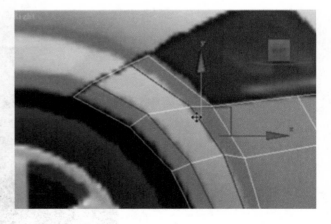

图 4 - 115

（4）重复上述操作继续完成模型。选择"线"（图 4 - 116），拖动复制"面"（图 4 - 117），"切割"细分曲面（图 4-118）。切换至"点"调整（图 4-119），选择"线"（图 4-120），拖动复制，如图 4-121 所示。

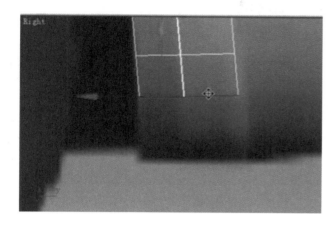

图 4-116

图 4-117

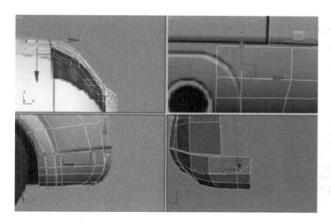

图 4-118

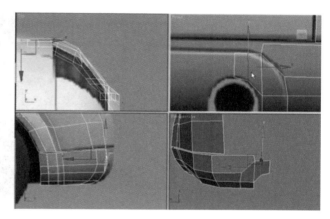

图 4-119

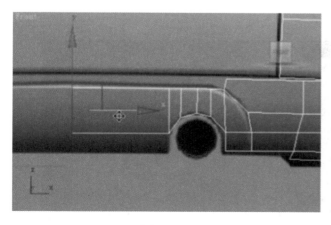

图 4-120

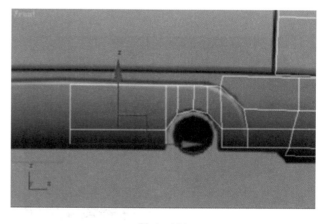

图 4-121

（5）切换至"边"，拖动复制，做出接缝的结构（图 4-122）。"镜像"复制，调整位置，如图 4-123 所示。切换至"点"，调整细节，如图 4-124 所示。

图 4 - 122

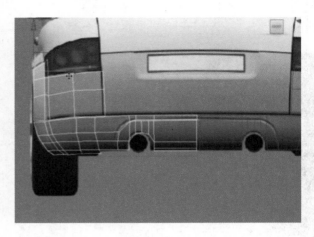

图 4 - 123

图 4 - 124

（6）切换至"边"，拖动复制（图 4 - 125）。做出深度，如图 4 - 126 所示。

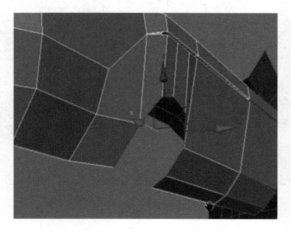

图 4 - 125

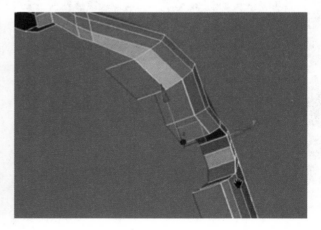

图 4 - 126

（7）创建"平面"，切换至"点"，调整制作车尾及车顶连接部分，如图4－127所示。

图4－127

（8）继续拖动复制面（图4－128），切换至"点"调整，如图4－129所示。重复上述操作，如图4－130所示。

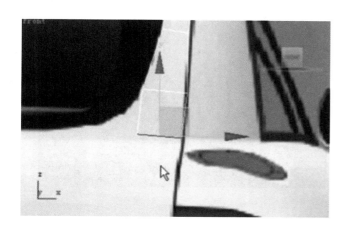

图4－128

图4－129

图4－130

（9）"镜像"复制勾选实例（图 4-131）。调整位置，切换"点"调整，如图 4-132 所示。

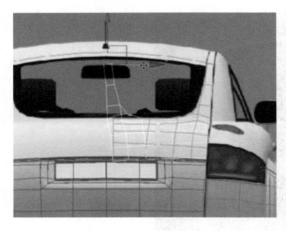

图 4-131   图 4-132

（10）用相同的操作创建"平面"—"镜像"（图 4-133）。调整，制作出车窗玻璃，效果如图 4-134 所示。

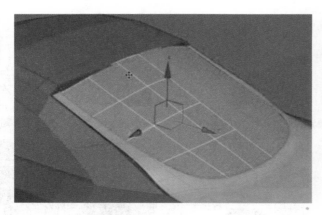

图 4-133   图 4-134

（11）观察效果并进行整体调整（图 4-135）。"切割"规范布线，如图 4-136、图 4-137 所示。

图 4-135   图 4-136

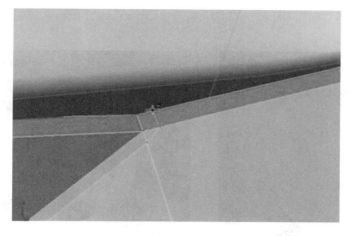

图 4 - 137

4.4　汽车轮胎的制作

（1）创建"圆柱体"（图 4 - 138），修改边为"6"（图 4 - 139）。切换至"线"，选择线"切角"（图
4 - 140）。

图 4 - 138

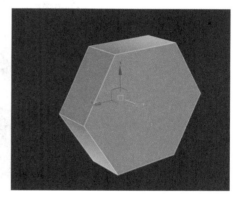

图 4 - 139

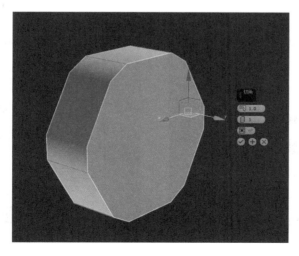

图 4 - 140

（2）切换至"面"，选择"面"（图 4 - 141）。"挤出"（图 4 - 142），删除"面"（图 4 - 143）。

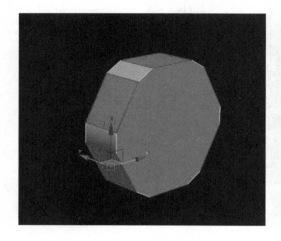

图 4 - 141

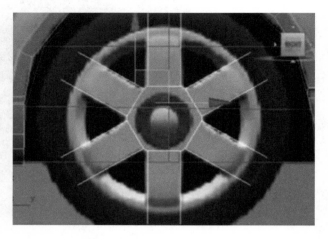

图 4 - 142

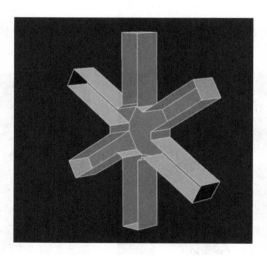

图 4 - 143

（3）创建"圆环"，设置边数（图 4 - 144），选择"点"进行缩放（图 4 - 145）。

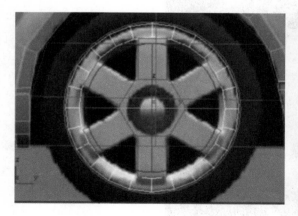

图 4 - 144

图 4 - 145

（4）细分曲面"连接"（图 4 - 146），重复上述操作，如图 4 - 147 所示。

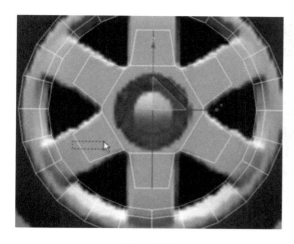
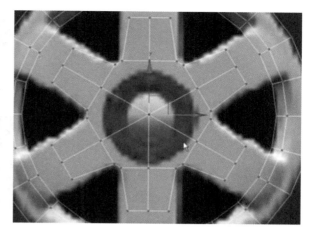

图 4 - 146　　　　　　　　　　　图 4 - 147

（5）"桥接"两个物体，使其成为一个整体。切换至"点"调整，如图 4 - 148 所示。

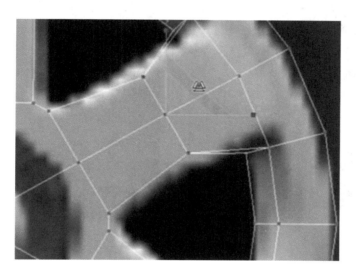

图 4 - 148

（6）切换至"点"，选择"点"（图 4 - 149），"切角"（图 4 - 150），调整大小，效果如图 4 - 151 所示。

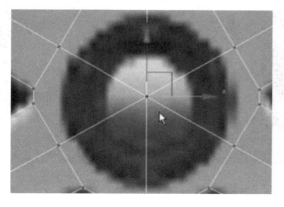
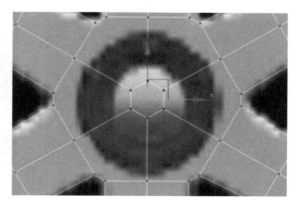

图 4 - 149　　　　　　　　　　　图 4 - 150

图 4 - 151

（7）创建"圆环"（图 4 - 152），点击"nurms 切换"并调整（图 4 - 153）。

图 4 - 152

图 4 - 153

（8）细分曲面（图 4 - 154），渲染，汽车制作完成，效果如图 4 - 155 所示。

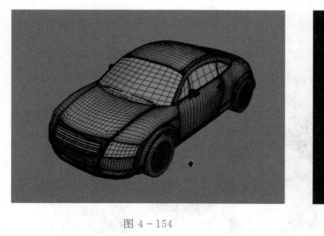

图 4 - 154

图 4 - 155

5

　　人物角色制作主要运用了几何体组合与"编辑多边形"修改命令对标准的几何体进行改动以及调节，并使用拖动复制、"切割"细分曲面来制作人物模型的面。在人物模型制作过程中，应该重点掌握对物体造型的塑造，仔细观察人体结构，其中动漫角色要掌握其夸张的人体比例和人体肌肉块的塑造。范例效果如图5-1、图5-2所示。

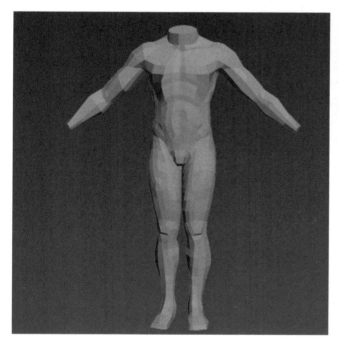

图 5-1

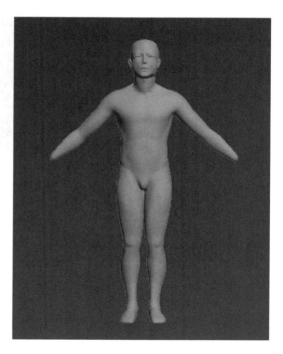

图 5-2

　　动漫角色的制作流程分为三个部分：①头部模型的制作，如图5-3所示；②耳朵模型的制作，如图5-4所示；③躯干模型的制作，如图5-5所示。

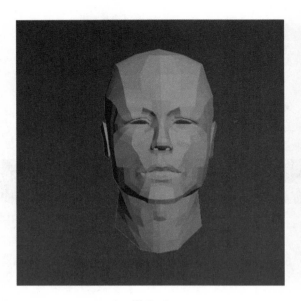
图 5 - 3

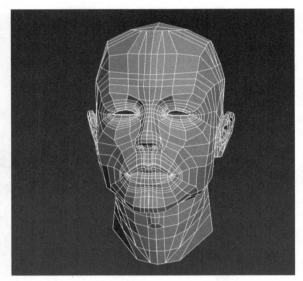
图 5 - 4

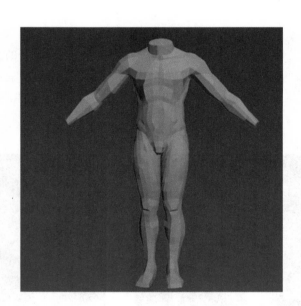
图 5 - 5

5.1 人体的结构分析

想要塑造出生动形象的动漫角色，首先要了解基本的人体比例，在真实人体和角色比例上寻求理想化的关系和效果。

5.1.1 人体比例

人体的结构比例十分复杂，找准人体各个重要的比例骨点，就可以大致了解人体的结构。比例是人体结构中部位与部位、部位与整体的协调关系。一般解剖学关于人体的比例，都是以头的长度为单位来衡量普通人的高度，以七个半头为标准，但由于年龄、性别而有所差异。一般成人人体的比例，都在七个到七个半头之间（图 5-6）。初生儿为三个头长，两岁幼儿为四个头长，六岁儿童为五个头长，十六岁少年开始接近七个头长，二十五岁后人开始定型；幼儿头部较大，四肢短小，三四岁之前较矮胖，五六岁后逐渐变瘦长，十五六岁开始身体变宽，逐步接近成人。所谓"盘三、坐五、立七"的说法，就是对人物不同动态时比例的一种总结。

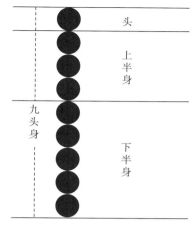

图 5-6

成年男子和女子的体型差异主要是：男子的肩宽于髋部，肩宽为 2 个头长，髋宽为 1.5 个头长；女性肩部与髋部宽度大致相等或髋部宽于肩部，约为 1.75 个头长。女性盆骨大于男性，但腰细于男性。

从两性差异上看，男性肩宽臀窄，女性肩窄臀宽；男性胸部宽阔、躯干厚实，显得腰部以上发达，女性臀部宽阔、大腿丰满，显得腰部以下发达；男性脂肪多半集中于腹部，女性脂肪多半集中于臀部和大腿；男性身体重心位置相对比女性高；男性腰节线较低，女性较高。女性腿长大于男性，但由于腿身比与身高正相关，身高越大，腿身比也越大，因此，腿身比平均值、马氏躯干腿长指数平均值男性略大于女性，腿身比极端者男性略多于女性。（图 5-7）

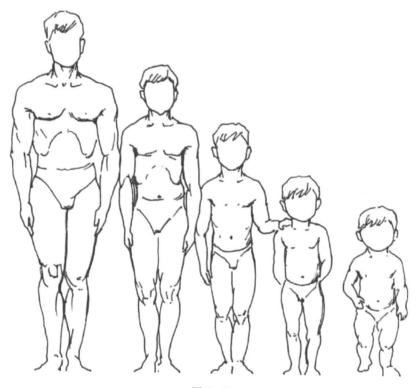

图 5-7

5.1.2　人体骨骼和肌肉

人体共有 206 块骨头，它们相互连接构成人体的骨骼。骨骼分为颅骨、躯干骨和四肢骨三个大部分。其中有颅骨 29 块、躯干骨 51 块、四肢骨 126 块。

儿童的骨头实际上应是 217～218 块，初生婴儿的骨头多达 305 块，因为儿童的骶骨有 5 块，长大成人后合为 1 块了；儿童尾骨有 4～5 块，长大后也合成了 1 块；儿童有 2 块髂骨、2 块坐骨和 2 块耻骨，到成人就合并成为 2 块髋骨了。这样加起来，儿童的骨头要比大人多 11～12 块。

骨骼化是生物结构复杂化的基础，骨骼系统又是生物形态进化的限制因素。骨骼是脊椎动物体内的坚硬器官，功能是运动、支持和保护身体；制造红血球和白血球；储藏矿物质。骨骼由各种不同的形状组成，有复杂的内在和外在结构，使骨骼在减轻重量的同时能够保持坚硬。骨骼的成分之一是矿物质化的骨骼组织，其内部是坚硬的蜂巢状立体结构；其他组织还包括了骨髓、骨膜、神经、血管和软骨。人体的骨骼起着支撑身体的作用，是人体运动系统的一部分。成人有 206 块骨头，骨头与骨头之间一般用关节和韧带连接起来。除 6 块听小骨属于感觉器外，按部位可分为颅骨 23 块、躯干骨 51 块、四肢骨 126 块。

关节、肌肉、韧带等组织连成一个整体，对身体起支撑作用。假如人类没有骨骼，那只能是瘫在地上的一堆软组织，不可能站立，更不能行走。

骨骼如同一个框架，保护着人体重要的脏器，使其尽可能地避免外力的"干扰"和损伤。例如颅骨保护着大脑组织，脊柱和肋骨保护着心脏、肺，骨盆骨骼保护着膀胱、子宫等。没有骨骼的保护，外来的冲击、打击很容易使内脏器官受损伤。

与肌肉、肌腱、韧带等组织协同，共同完成人的运动功能。骨骼提供运动必须的支撑，肌肉、肌腱提供运动的动力，韧带的作用是保持骨骼的稳定性，使运动得以连续地进行下去。所以，我们说骨骼是运动的基础。（图 5-8）

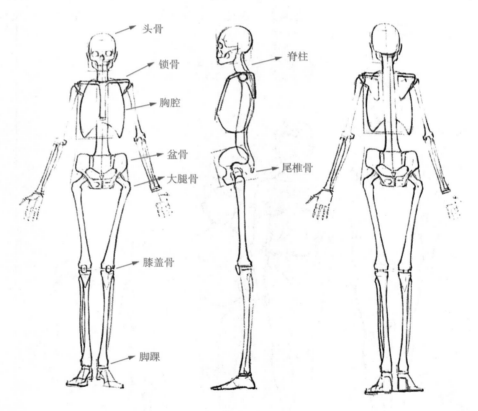

图 5-8

人体肌肉共有 639 块，约由 60 亿条肌纤维组成，其中最长的肌纤维达 60 厘米，最短的仅有 1 毫米左右。大块肌肉约有 2 千克重，小块的肌肉仅有几克。一般人的肌肉占体重的 35%～45%。

按结构和功能的不同又可分为平滑肌、心肌和骨骼肌三种，按形态又可分为长肌、短肌、阔肌和轮匝肌。平滑肌主要构成内脏和血管，具有收缩缓慢、持久、不易疲劳等特点；心肌构成心壁。两者都不随人的意志收缩，故称不随意肌。骨骼肌分布于头、颈、躯干和四肢，通常附着于骨，骨骼肌收缩迅速、有力、容易疲劳，可随人的意志舒缩，故称随意肌；骨骼肌在显微镜下观察呈横纹状，故又称横纹肌。

骨骼肌是运动系统的动力部分，分为白肌、红肌纤维，白肌依靠快速化学反应迅速收缩或者拉伸，红肌则依靠持续供氧运动。在神经系统的支配下，骨骼肌收缩中，牵引骨产生运动。人体骨骼肌共有 600 余块，分布广，约占体重的 40%，每块骨骼肌不论大小如何，都具有一定的形态、结构、位置和辅助装置，并有丰富的血管和淋巴管分布，受一定的神经支配。因此，每块骨骼肌都可以看作是一个器官。（图 5-9）

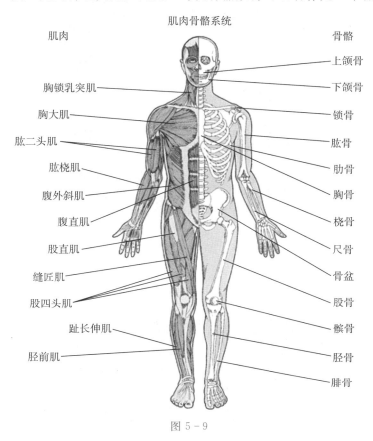

图 5-9

5.2　头部模型的制作

（1）创建"球体"，在"修改面板"中将球体参数边设置为"14"，转换为"可编辑多边形"，如图5-10所示。

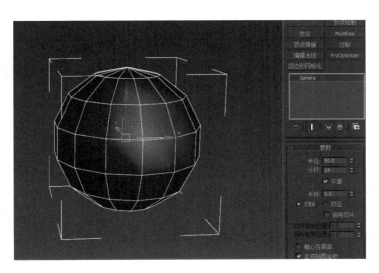

图 5-10

（2）切换至"点"，调整基本形体，如图 5-11 所示。

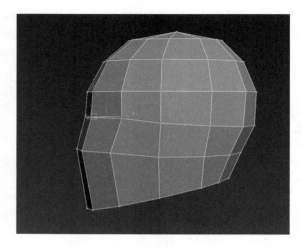

图 5-11

（3）切换至"面"并删除（图 5-12），拖动复制（图 5-13）。切换至"点"调整（图 5-14）。切换至"边"（图 5-15），"补洞"，切换至"可编辑多边形"，制作出下巴与脖子转接处，如图 5-16 所示。

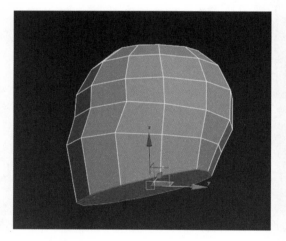

图 5-12

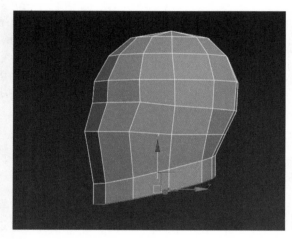

图 5-13

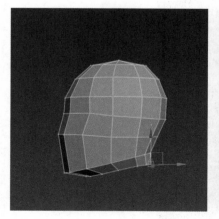

图 5-14

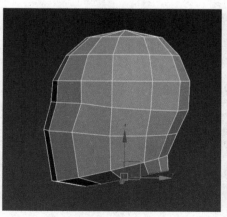

图 5-15

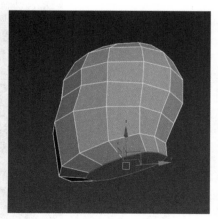

图 5-16

（4）切换"面"，选择"面"（图 5 - 17）。"挤出"（图 5 - 18），调整位置（图 5 - 19）。

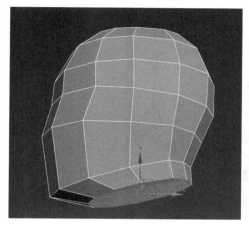

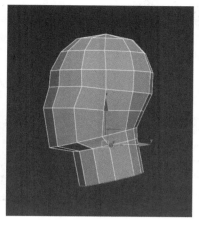

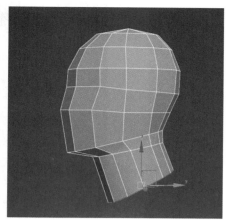

图 5 - 17　　　　　　　　　　　图 5 - 18　　　　　　　　　　　图 5 - 19

（5）切换"面"（图 5 - 20），删除（图 5 - 21）。切换至"面"，选择"面"（图 5 - 22），删除（图5 - 23）。"镜像"物体，选择实例，如图 5 - 24 所示。

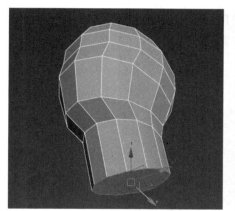

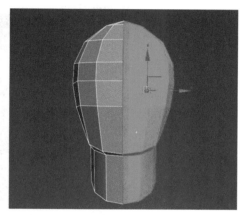

图 5 - 20　　　　　　　　　　　图 5 - 21　　　　　　　　　　　图 5 - 22

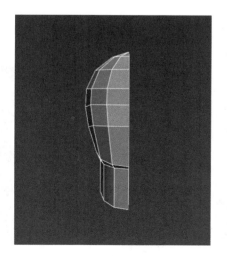

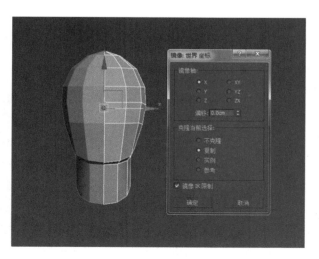

图 5 - 23　　　　　　　　　　　图 5 - 24

（6）"切割"布线，拟定眼睛的位置大小（图 5-25），观察整体，效果如图 5-26 所示。

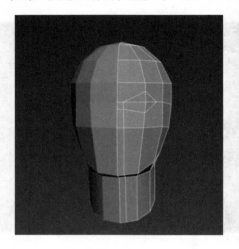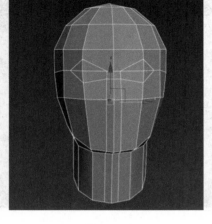

图 5-25   图 5-26

（7）切换至"面"，选择"面"，"插入"（图 5-27），"挤出"调整位置大小，"连接"四边面细分曲面，如图 5-28 所示。

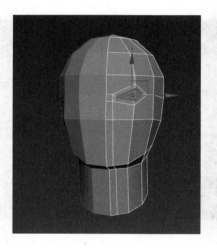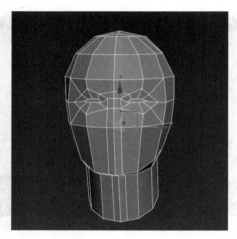

图 5-27   图 5-28

（8）切换至"面"—"挤出"（图 5-29）。切换至"点"进行目标焊接（图 5-30），调整，制作出鼻子的大体轮廓，效果如图 5-31 所示。

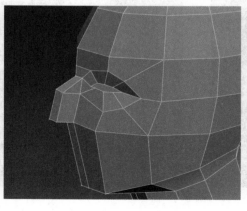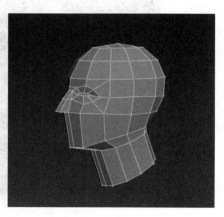

图 5-29   图 5-30   图 5-31

（9）"连接"细分曲面（图 5-32）。切换至"点"，调整鼻子比例大小，效果如图 5-33 所示。

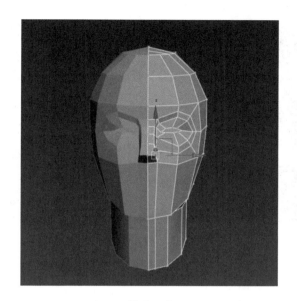
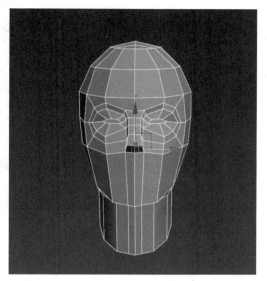

图 5-32　　　　　　　　　　　　　　　　　　图 5-33

（10）"切割"连接曲线规划嘴巴的位置（图 5-34）。切换至"点"，调整大小位置（图 5-35）。

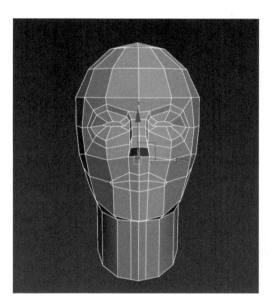
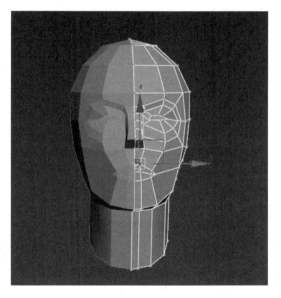

图 5-34　　　　　　　　　　　　　　　　　　图 5-35

（11）"连接"细分面部曲线（图 5-36），选择"面"—"挤出"—"焊接"，制作出嘴唇凹陷厚度。切换至"点"调整（图 5-37），"切割"规划耳朵的位置（图 5-38）。选择"面"—"挤出"（图 5-39）。

（12）选择"面"，删除（图 5-40），切换至"边"，拖动复制"面"，制作出眼睛的厚度，如图 5-41 所示。

（13）"连接"细分曲面，"挤出"，调整制作出眼眶凹陷，如图 5-42 所示。

（14）切换至"面"，选择（图 5-43），"插入"（图 5-44），"挤出"，调整位置（图 5-45）。

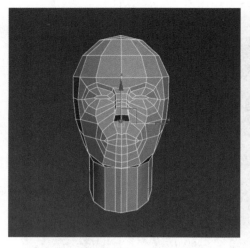

图 5 - 36

图 5 - 37

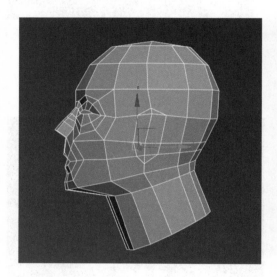

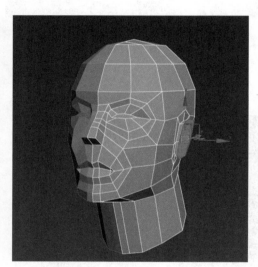

图 5 - 38

图 5 - 39

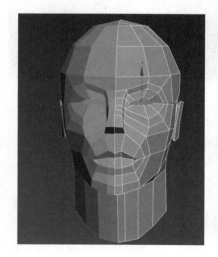

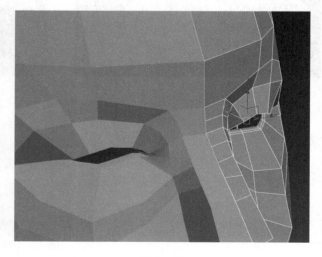

图 5 - 40

图 5 - 41

图 5-42

图 5-43

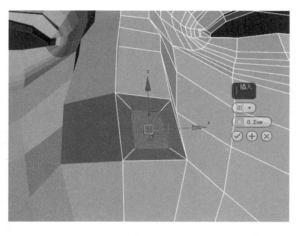

图 5-44

图 5-45

（15）"连接"细分曲面（图 5-46），切换至"点"，调整，如图 5-47 所示。

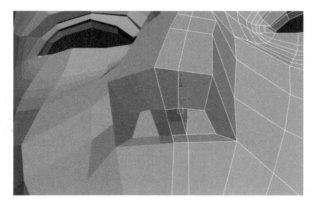

图 5-46

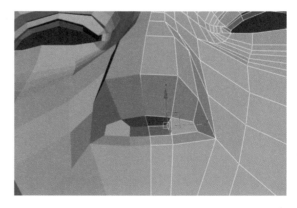

图 5-47

（16）"连接"细分曲面，切换至"点"，对鼻子轮廓进一步进行调整，如图 5-48 所示。

（17）选择"线"（图 5-49），"切割"（图 5-50）。选择"面"，删除（图 5-51）。选择"线"，拖动复制"面"制作出厚度，如图 5-52 所示。

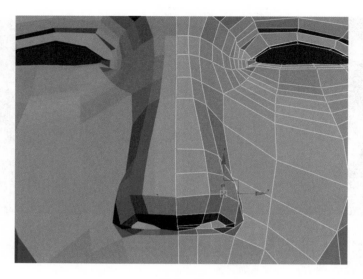

图 5 - 48

图 5 - 49

图 5 - 50

图 5 - 51

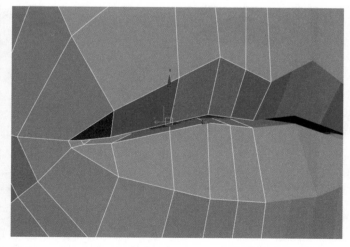

图 5 - 52

（18）"连接"线细分曲面，点线调整，进一步雕刻嘴唇的结构，如图 5 - 53 所示。

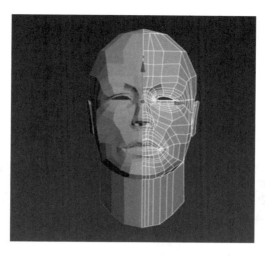

图 5 - 53

（19）选择"线"（图 5 - 54），"连接"细分曲面（图 5 - 55），切换至"点"，调整，如图 5 - 56 所示。

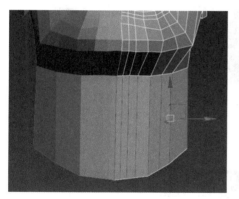

图 5 - 54

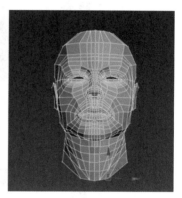

图 5 - 55

图 5 - 56

（20）选择"面"—"挤出"，调整大小，制作出喉结，如图 5 - 57 所示。

（21）头部模型制作完成，效果如图 5 - 58 所示。

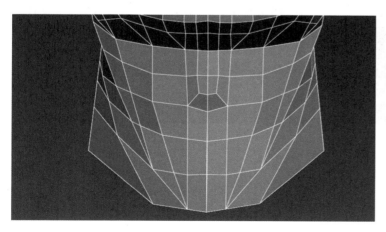

图 5 - 57

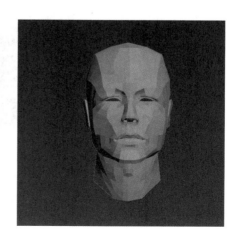

图 5 - 58

5.3　耳朵模型的制作

（1）切换至"线"，创建"矩形"，切换"可编辑样条线"（图5-59），"优化"细分线段（图5-60）。使其成为5×5的网格，如图5-61所示。切换至"点"，进行调整，如图5-62所示。

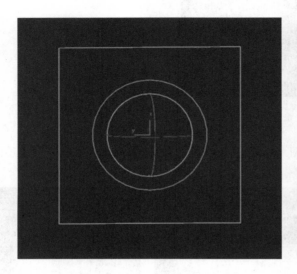

图 5 - 59

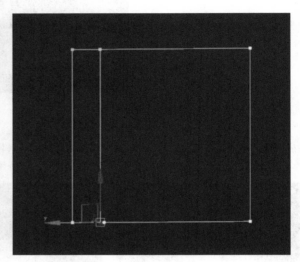

图 5 - 60

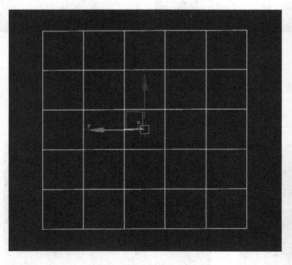

图 5 - 61

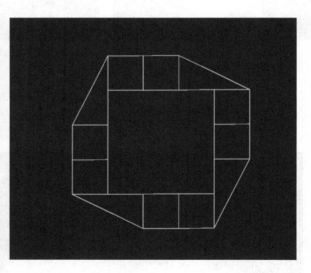

图 5 - 62

（2）进一步进行调整，制作出耳朵的基本轮廓（图5-63），复制样条线调整位置（图5-64），"连接"（图5-65）。

（3）进一步雕刻耳朵形状，如图5-66、图5-67所示。完成后检查样条线点之间是否闭合，转换为"可编辑多边形"，调整耳朵在头部模型中的比例大小（图5-68），效果如图5-69所示。

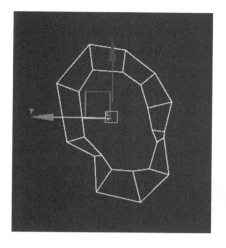

图 5 - 63

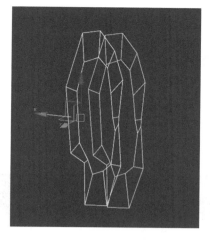

图 5 - 64

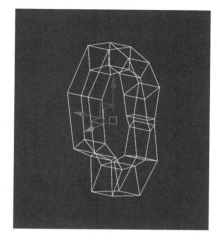

图 5 - 65

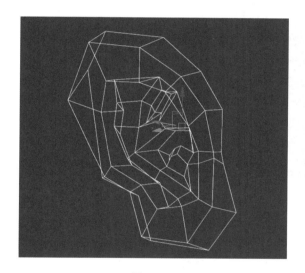

图 5 - 66

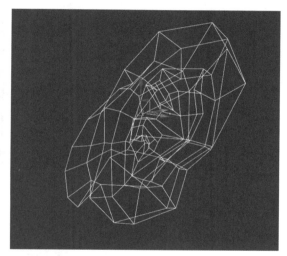

图 5 - 67

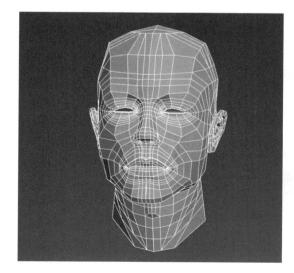

图 5 - 68

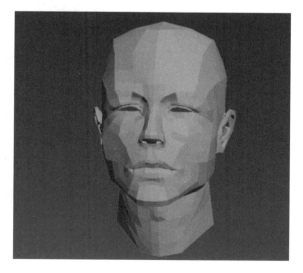

图 5 - 69

5.4 躯干模型的制作

（1）创建"长方体"，转换"可编辑多边形"（图 5-70）。切换至"点"，进行调整（图 5-71），调整上半身形态比例和肩膀腰部臀部的弧度，如图 5-72 所示。

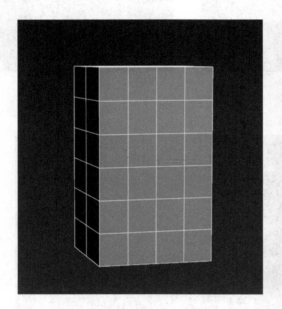
图 5-70

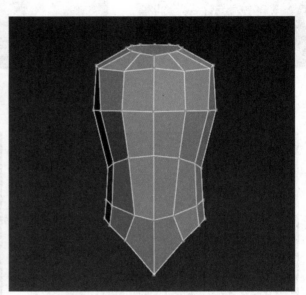
图 5-71

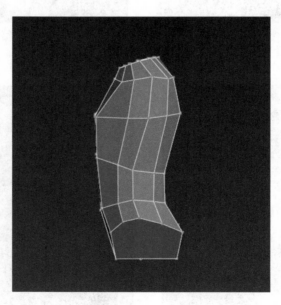
图 5-72

（2）选择"面"—"挤出"（图 5-73），调整大小，做出脖子连接结构（图 5-74）。选择"面"，删除，"镜像"实例复制，如图 5-75 所示。

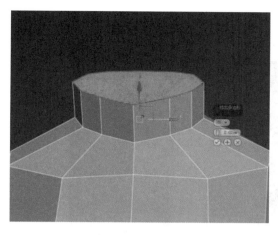

图 5 - 73

图 5 - 74

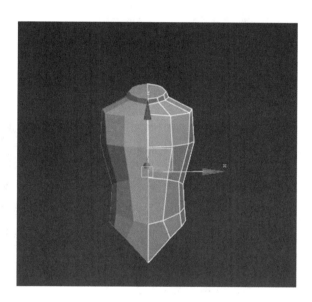

图 5 - 75

（3）选择"面"（图 5 - 76），"挤出"，制作出腿部基本结构，如图 5 - 77 所示。

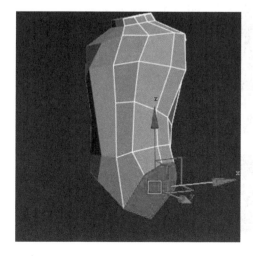

图 5 - 76

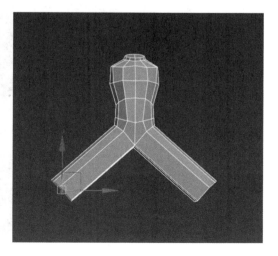

图 5 - 77

（4）细分曲面，进一步刻画调整腿部结构（图5-78）。切换至"点"，进一步调整臀腿腰线的肌肉弧度，如图5-79所示。

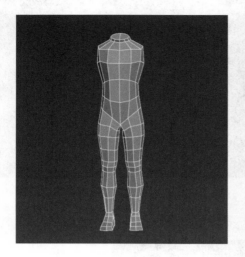

图5-78   图5-79

（5）选择"面"—"生成平面"（图5-80）。"挤出"，制作出手臂的基本模型（图5-81）。"连接"细分曲面，如图5-82所示。

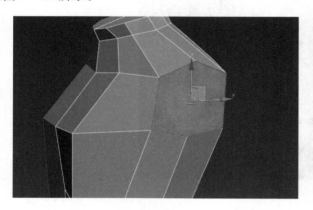

图5-80

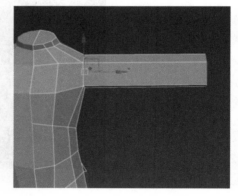

图5-81

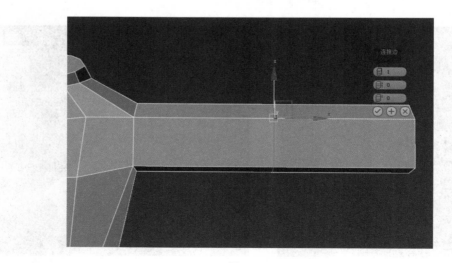

图5-82

（6）"连接"细分曲面，切换至"点"，进一步调整（图5-83），刻画出手臂的肌肉弧度和比例大小，如图5-84所示。

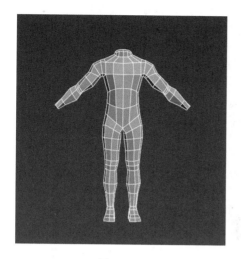

图5-83

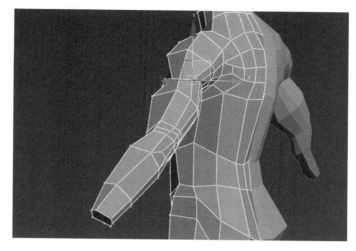

图5-84

（7）"连接"细分曲面（图5-85），切换至"点"调整，制作出腹膈肌形态，如图5-86所示。

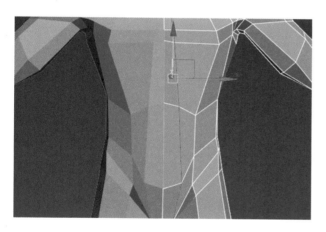

图5-85

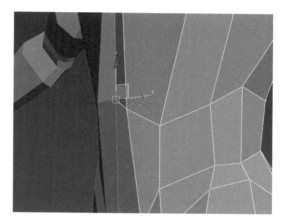

图5-86

（8）进一步细分曲面，做出腹部肌肉线条（图5-87），效果如图5-88所示。

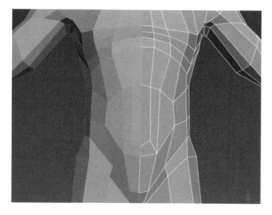

图5-87

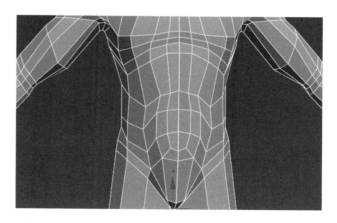

图5-88

（9）细分曲面，整体调整（图 5-89），点击"nurms 切换"，效果如图 5-90 所示。

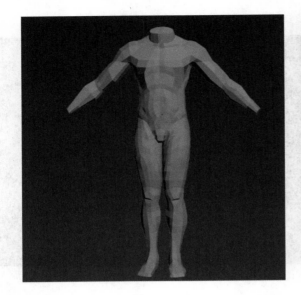

图 5-89   图 5-90